W0246298

Anaesthesiology and Resuscitation
Anaesthesiologie und Wiederbelebung
Anaesthésiologie et Réanimation

53

Editors
Prof. Dr. R. Frey, Mainz · Dr. F. Kern, St. Gallen
Prof. Dr. O. Mayrhofer, Wien

Managing Editor: Priv.-Doz. Dr. M. Halmágyi, Mainz

Nomogramme zum Säure-Basen-Status des Blutes und zum Atemgastransport

Herausgegeben von

G. Thews

Mit 3 Abbildungen und 52 Nomogrammen

Springer-Verlag Berlin · Heidelberg · New York 1971

ISBN 3-540-05388-3 Springer-Verlag Berlin · Heidelberg · New York

ISBN 0-387-05388-3 Springer-Verlag New York · Heidelberg · Berlin

Vorwort

Zwischen den verschiedenen Größen, die den Säure-Basen-Status und den Atemgastransport des Blutes charakterisieren, bestehen mannigfache Beziehungen. In einer großen Zahl theoretischer und experimenteller Untersuchungen konnten diese Zusammenhänge aufgeklärt und ihre physiologischen bzw. pathologischen Aspekte deutlich gemacht werden. Damit ergaben sich neue Ansatzpunkte für die klinische Diagnostik und Therapie. Es sei hier nur an die Analyse des Säure-Basen-Status bei Nieren- und Lungenfunktionsstörungen, bei metabolischen Acidosen und Alkalosen oder bei Säuglingstoxikosen erinnert. Postoperative und traumatische Störungen des Säure-Basen-Haushaltes verlangen gezielte therapeutische Maßnahmen. Die Bestimmung der Blutgasdaten spielt bei der Diagnostik sowohl von kardiopulmonalen Störungen als auch von Versorgungsstörungen einzelner Organe eine wesentliche Rolle.

Bei allen diesen Fragen ist eine Gesamtbeurteilung kaum auf Grund einzelner Meßdaten möglich, vielmehr kommt es auf die spezielle Kombination einer ganzen Reihe relevanter Parameter an. Aus diesem Grunde ergab sich die Notwendigkeit, die wechselseitigen Abhängigkeiten dieser Größen in geeigneter Weise so darzustellen, daß ohne zusätzliche Rechnung ein Gesamtüberblick möglich wird. Seit den berühmten Arbeiten von HENDERSON ist der Weg für die Lösung dieses Problems klar vorgezeichnet. Die mannigfachen Abhängigkeiten der charakteristischen Größen für den Säure-Basen-Status und den Atemgastransport lassen sich am zweckmäßigsten in Form von Cartesianischen Nomogrammen und Leiternomogrammen darstellen.

In dem vorliegenden Band sind solche Nomogramme, die von verschiedenen Arbeitsgruppen des Physiologischen Institutes der Universität Mainz in den letzten Jahren aufgestellt wurden, zusammengefaßt. Es handelt sich teils um Ergebnisse, die bereits veröffentlicht wurden, teils um vollständige Neukonstruktionen. Uns schien es jedoch zweckmäßig zu sein, die in verschiedenen Zeitschriften publizierten und die neuen Nomogramme gemeinsam vorzulegen, um dem Interessierten den Überblick zu erleichtern. Aus diesem Grunde wurden auch die möglichst knapp gehaltenen Erläuterungen einheitlich gestaltet. Dabei haben wir bewußt auf theoretische Erörterungen verzichtet und verweisen für diese Fragen auf die zitierte Originalliteratur.

In die Sammlung der Nomogramme wurden die älteren Ergebnisse anderer Arbeitsgruppen nicht aufgenommen. Sie kann daher auch keinen Anspruch auf Vollständigkeit erheben. Bei der langjährigen Beschäftigung mit dieser Materie sind wir jedoch zu der Auffassung gelangt, daß die älteren Darstellungen in einer ganzen Reihe von Punkten korrekturbedürftig sind. Teils konnten in der Zwischenzeit die theoretischen Berechnungsgrundlagen verfeinert werden, teils wurden die Methoden zur Messung der voneinander abhängigen Größen wesentlich verbessert. Alle hier vorgelegten Nomogramme sind auf Grund des gegenwärtigen Standes der theoretischen Kenntnisse und der experimentellen Technik konstruiert. Die Sammlung soll sowohl für theoretische als auch für praktische Zwecke als Arbeitsgrundlage dienen, die es ermöglicht, Zusammenhänge im Säure-Basen-Status und Atemgastransport des Blutes quantitativ auszuwerten.

Mainz, März 1971   G. THEWS

Inhaltsverzeichnis

Verzeichnis der Autoren

BRODDA, K., Dipl. Phys., Physiologisches Institut der Universität Mainz

GROTE, J., Priv.-Doz. Dr. med. Dr. rer. nat., Physiologisches Institut der Universität Mainz

MENGDEN, H. J. v., Dr. med., II. Medizinische Klinik der Universität Mainz

SCHMIDT, W., Dr. med., Physiologisches Institut der Universität Mainz

SCHNABEL, K. H., Dr. med., II. Medizinische Klinik der Universität Mainz

SCHULTEHINRICHS, D., Dr. med., II. Medizinische Klinik der Universität Mainz

THEWS, G., Prof. Dr. med. Dr. rer. nat., Physiologisches Institut der Universität Mainz

VOGEL, H. R., Prof. Dr. med., Sportphysiologische Abteilung des Staatlichen Hochschulinstitutes für Leibeserziehung Mainz

I. Säure-Basen-Nomogramme für das menschliche Blut

H. J. v. Mengden, D. Schultehinrichs und G. Thews

Der Säure-Basen-Haushalt des menschlichen Blutes wird ganz wesentlich durch seine extra- und intracellulären Puffersysteme bestimmt. Hierzu gehören das Bicarbonat-System (H_2CO_3/HCO_3^-), das Phosphat-System ($H_2PO_4^-/HPO_4^{--}$) sowie die Eiweißpuffer in Plasma und Erythrocyten. Jedes dieser Puffersysteme, bestehend aus einer schwachen Säure und ihrer korrespondierenden Base, entfaltet seine Wirksamkeit entsprechend den vorliegenden Konzentrationen von H^+-Donator (Säure) und H^+-Acceptor (Base) sowie nach Maßgabe des pH-abhängigen Dissoziationsgrades.

Unter den Puffersystemen des Blutes nimmt das Kohlensäure/Bicarbonat-System insofern eine Sonderstellung ein, als der CO_2-Austausch in Lunge und Geweben unmittelbar die Konzentrationen der Reaktionsteilnehmer beeinflußt. Der Zusammenhang zwischen den Konzentrationen des H^+-Donators (H_2CO_3) und des H^+-Acceptors (HCO_3^-) sowie dem pH-Wert wird hierbei durch die Henderson-Hasselbalchsche Gleichung beschrieben:

$$pH = pK + \log \frac{[HCO_3^-]}{0,03\ P_{CO_2}} \qquad (1)$$

In dieser Fassung ist bereits im Nenner des Bruches die Proportionalität zwischen der Konzentration der undissoziierten Säure und dem CO_2-Druck P_{CO_2} berücksichtigt. Der Faktor 0,03 gilt für die übliche Dimensionierung, bei der $[HCO_3^-]$ in mMol/l und P_{CO_2} in mmHg angegeben wird.

Bei der graphischen Festlegung des Säure-Basen-Status bilden die drei Größen der Henderson-Hasselbalchschen Gleichung das Grundgerüst des Koordinatennetzes, in das die charakteristischen Daten des Blutes einzutragen sind. Dabei bestehen grundsätzlich vier Möglichkeiten für die Darstellung der gegenseitigen Abhängigkeit von pH-Wert, $[HCO_3^-]$ und P_{CO_2}, die in der Abbildung wiedergegeben sind. In A, B und C sind jeweils zwei Größen auf Ordinate und Abszisse und die dritte als Parameter einer Kurvenschar angegeben. In D ist der Zusammenhang der Henderson-Hasselbalchschen Gleichung in Form eines Leiternomogramms dargestellt. In die Diagramme ist jeweils die CO_2-Äquilibrierungskurve für das normale O_2-gesättigte Blut eingetragen, wobei unter pH und $[HCO_3^-]$ stets die Plasmawerte zu verstehen sind. Im Fall des Leiternomogramms tritt an die Stelle der

Äquilibrierungskurve ein Äquilibrierungspunkt P. Jede durch diesen Punkt gelegte Gerade verbindet zusammengehörende Blutwerte für pH, [HCO_3^-] und P_{CO_2}. Alle vier Diagramme lassen sich durch Skalen für Pufferbasen, Basenüberschuß und andere Parameter ergänzen.

Die Form des Leiternomogramms wurde bereits von HENDERSON (1928, 1935) bei der Darstellung der Beziehungen zwischen einer großen Zahl wichtiger Blutparameter verwendet. Die erste umfassende nomographische Darstellung der gesamten Säure-Basen-Beziehungen im menschlichen Blut gelang jedoch erst SINGER u. HASTINGS (1948). Ihr Leiternomogramm enthält praktisch alle Parameter, die auch heute noch als relevant für die Beurteilung des Säure-Basen-Status angesehen werden. Sein Nachteil ist das etwas komplizierte Verfahren, nach dem die einzelnen Größen teilweise erst nach zusätzlichen Rechnungen oder unter Benutzung von Hilfsskalen zugänglich sind.

Die Darstellungsform A in der Abbildung wurde vor allem von DAVENPORT (1958) verwendet. Um dieses Cartesianische Nomogramm für die Beurteilung des Säure-Basen-Status nutzbar zu machen, haben neuerdings HEISLER u. SCHORER (1969) hierin zusätzliche Skalen für die Pufferbasen und den Basenüberschuß, die aus Literaturwerten berechnet wurden, eingetragen.

Die Konzeption C in der Abbildung liegt dem Nomogramm von SIGGAARD-ANDERSEN (1963, 1964) zugrunde. Die Skala für den Basenüberschuß wurde aus verhältnismäßig wenigen Meßwerten gewonnen. Unterlagen für die von der Hämoglobinkonzentration abhängigen normalen Pufferbasen (NBB) übernahm SIGGAARD-ANDERSEN von DILL, EDWARDS u. CONSOLAZIO (1937) bzw. von SINGER u. HASTINGS (1948). Mit Hilfe der normalen Pufferbasen konnte dann aus der Basenüberschußkurve die Pufferbasenskala konstruiert werden. Neuerdings hat sich jedoch herausgestellt, daß sowohl der Wert für die Normalpufferbasen als auch die angegebene Abhängigkeit des Basenüberschusses von der O_2-Sättigung des Blutes korrekturbedürftig sind. Das Siggaard-Andersen-Nomogramm hat im Zusammenhang mit dem Astrup-Verfahren für die Analyse des Säure-Basen-Status wohl vor allem wegen der Einfachheit seiner Benutzung eine weite Verbreitung erfahren.

Ein offenkundiger Nachteil aller erwähnten Nomogramme besteht jedoch darin, daß eine direkte Berücksichtigung der O_2-Sättigung des Hämoglobins nicht möglich ist. Gerade bei kardiopulmonalen Erkrankungen kann aber die O_2-Sättigungsabhängigkeit für die Beurteilung des Säure-Basen-Status von Bedeutung sein. Nach der von THEWS (1967) angegebenen Konzeption läßt sich nun der Säure-Basen-Status des Blutes in seiner Abhängigkeit von der O_2-Sättigung des Hämoglobins aus einem einzigen Leiternomogramm ermitteln. Eine Benutzung von Umrechnungsfaktoren oder Hilfsskalen ist dabei nicht

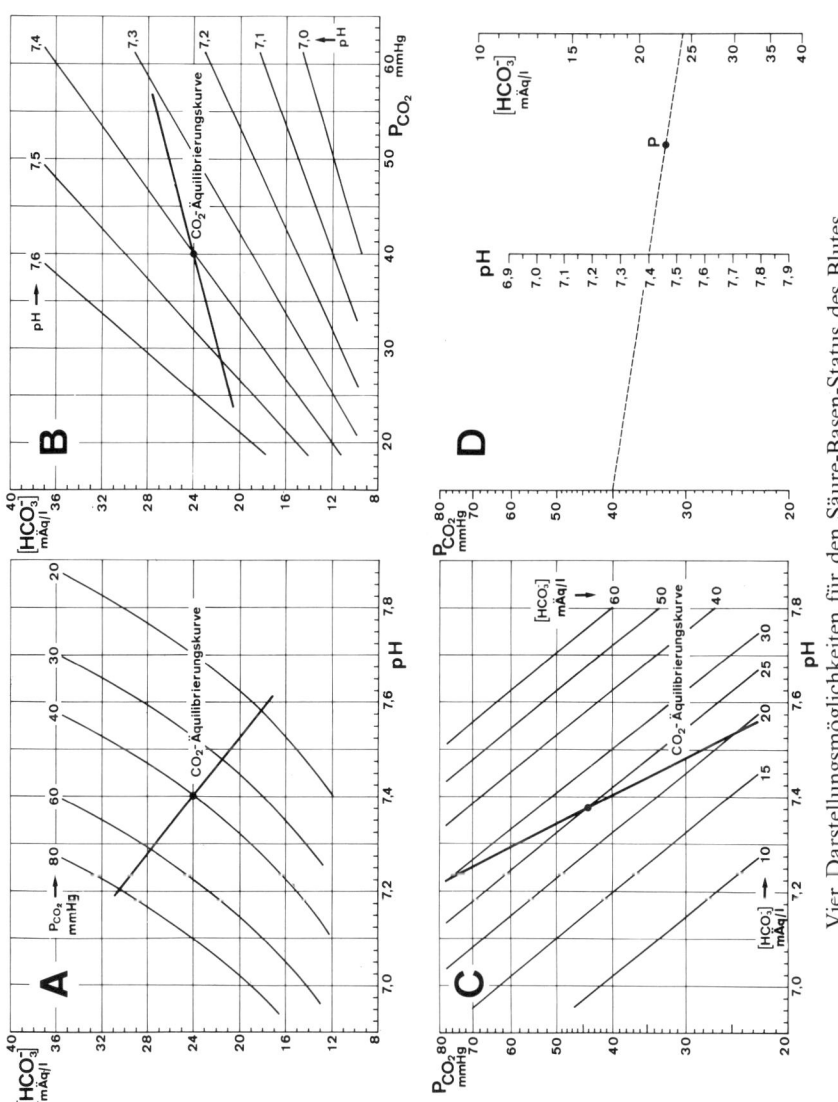

Vier Darstellungsmöglichkeiten für den Säure-Basen-Status des Blutes

erforderlich. Der Hauptvorteil dieses Nomogramms ist jedoch darin zu sehen, daß hierdurch eine Vereinfachung des Analysenganges für den Säure-Basen-Status ermöglicht wird. In neuerer Zeit wurden nämlich Geräte entwickelt, die den pH-Wert, den CO_2-Druck und den O_2-Druck aus einer Mikroblutprobe in einem Arbeitsgang zu bestimmen erlauben. Durch ein solches pH-P_{CO_2}-P_{O_2}-Wertetripel sind alle wichtigen Daten des Säure-Basen-Status bereits vollständig festgelegt. Geht man mit diesen Werten, nachdem man die zu dem gemessenen O_2-Druck gehörende O_2-Sättigung graphisch ermittelt hat, in das Nomogramm ein, so lassen sich Pufferbasen, Basenüberschuß, aktuelles und Standard-[HCO_3^-] sowie der CO_2-Gehalt des Plasmas direkt ablesen. Äquilibriermaßnahmen, wie etwa beim Astrup-Verfahren, sind für die Säure-Basen-Analyse nicht mehr erforderlich.

Das ursprüngliche Nomogramm nach THEWS basiert auf Daten von VAN SLYKE, SENDROY u. LIU (1932), KEYS, HALL u. BARRON (1936), SINGER u. HASTINGS (1948) sowie SIGGAARD-ANDERSEN (1963). Bei einer umfangreichen Untersuchung an 150 Blutproben mit insgesamt 5000 Messungen zeigte sich jedoch, daß diese älteren Literaturangaben in bestimmter Hinsicht korrekturbedürftig sind (v. MENGDEN, SCHULTE-HINRICHS und THEWS, 1969). Insbesondere ergaben sich neue Beziehungen für die Änderung des pH-Wertes und des Basenüberschusses in Abhängigkeit von der O_2-Sättigung des Hämoglobins. Die neuen Daten wurden in das Thews-Nomogramm aufgenommen, wobei, um die Übersichtlichkeit zu erhöhen, für jeden Hb-Konzentrationsbereich eine eigene Darstellung gewählt wurde. Diese von THEWS, SCHULTE-HINRICHS und v. MENGDEN (1969) publizierten Leiternomogramme für den Säure-Basen-Status bei 15, 10 und 20 g-% Hb sind in der folgenden Zusammenstellung als Nr. 1, 2 und 3 wiedergegeben. Sie werden ergänzt durch eine Gebrauchsanweisung (Nr. 1a), ein Schema für die einfache Charakterisierung einer Säure-Basen-Störung an Hand des Nomogramms (Nr. 1b) sowie ein Leiternomogramm für die evtl. notwendige Umrechnung von O_2-Drucken in O_2-Sättigungen (Nr. 1c).

Nach der Ermittlung des Säure-Basen-Status aus einem der genannten Nomogramme wurden bisher in der Klinik die zur Korrektur einer Störung notwendigen Säure- bzw. Basenäquivalente berechnet. Dazu sind verschiedene Verfahren vorgeschlagen worden. Am besten bewährt hat sich zur Berechnung der erforderlichen Dosis die von MELLEMGAARD u. ASTRUP (1960) angegebene Gleichung

$$\text{Therapiedosis [mÄq]} = BE \cdot F \cdot G, \qquad (2)$$

BE = Basenüberschuß bzw. -defizit in mÄq/l, F = Flüssigkeitsanteil am Körpergewicht (Norm = 0,3, variierend zwischen 0,2 und 0,4), G = Körpergewicht in Kilogramm.

Diese Berechnung erübrigt sich, wenn man zur Ermittlung der therapeutischen Dosis bei Säure-Basen-Störungen eines der angegebenen Therapie-Nomogramme benutzt (Nomogramme Nr. 4, Nr. 5 und Nr. 6). Diese wurden auf der Basis der von THEWS, SCHULTEHINRICHS u. v. MENGDEN (1969) angegebenen Relationen sowie unter Berücksichtigung der Gl. (2) konstruiert (v. MENGDEN, 1971). Die drei Darstellungen unterscheiden sich durch den Faktor F der Gl. (2). Nomogramm Nr. 4 gilt für einen Flüssigkeitsanteil von 30% des Körpergewichtes (F = 0,3), Nomogramm Nr. 5 für 20% Flüssigkeitsanteil (F = 0,2) und Nomogramm Nr. 6 für 40% Flüssigkeitsanteil (F = 0,4). Der Gebrauch der Nomogramme wird an Hand der Darstellung Nr. 4a erläutert.

Nomogramm Nr. 7 vereint als kombiniertes Diagnostik-Therapie-Nomogramm Möglichkeiten der Thews-Nomogramme Nr. 1, Nr. 2 und Nr. 3 mit denen der Therapie-Nomogramme Nr. 4, Nr. 5 und Nr. 6. In einem Arbeitsgang kann man hier den aktuellen Säure-Basen-Status sowie die zur Therapie einer Störung notwendigen Säure- bzw. Basen-Äquivalente ermitteln. Darstellung Nr. 7a verdeutlicht die Anwendung des Nomogramms.

Nr. 1

Nomogramm zur Ermittlung des vollständigen Säure-Basen-Status im Vollblut ([Hb] = 15 g-%)

Zweck und Anwendungsmöglichkeiten

Das Nomogramm dient zur Bestimmung des aktuellen Basenüberschusses (BE) [mÄq/l Blut], des Basenüberschusses (BE_{ox}) und der Pufferbasen (BB) bei vollständiger O_2-Sättigung [mÄq/l Blut], des aktuellen und des Standard-Bicarbonats (HCO_3^-) [mÄq/l Plasma], des Gesamt-CO_2 [mMol/l Plasma] sowie des Standard-pH der Blutprobe (bei $P_{CO_2} = 40$ mmHg und O_2-Vollsättigung).

Voraussetzungen für die Anwendung

Folgende Meßwerte aus dem Blut werden benötigt:

1. aktueller pH-Wert,
2. aktueller CO_2-Partialdruck (P_{CO_2}) [mmHg],
3. aktuelle O_2-Sättigung (S_{O_2} in Prozent).

Verschiedene im Handel befindliche Geräte ermöglichen die gleichzeitige Bestimmung dieser Werte aus Mikroblutproben. Bei Messung des O_2-Partialdruckes (P_{O_2}) ist die O_2-Sättigung S_{O_2} über die O_2-Bindungskurve (s. Nr. 1c) zu ermitteln.

Zum Gebrauch des Nomogramms s. Nr. 1a.

Grenzen der Anwendung

Das Nomogramm gilt nur für Blutproben mit einer Hämoglobinkonzentration im Bereich von 12,5 – 17,5 g-% und bei einer Temperatur von 37° C.

Genauigkeit des Nomogramms

Der Konstruktion des Nomogramms liegt eine umfangreiche Meßserie zugrunde (v. MENGDEN, SCHULTEHINRICHS u. THEWS, 1969; THEWS, SCHULTEHINRICHS u. v. MENGDEN, 1969). Die Abweichungen von den Mittelwerten der Meßergebnisse sind kleiner als die kleinste eingezeichnete Skaleneinheit. Weiterhin wurden die Henderson-Hasselbalchsche Gleichung, die von SIGGAARD-ANDERSEN (1962) angegebenen Werte für den Basenüberschuß sowie die von BRODDA errechneten Pufferbasen verwendet. Die Genauigkeit der Berechnung von HCO_3^- und Gesamt-CO_2 ist besser als die kleinste im Nomogramm eingezeichnete Skaleneinheit.

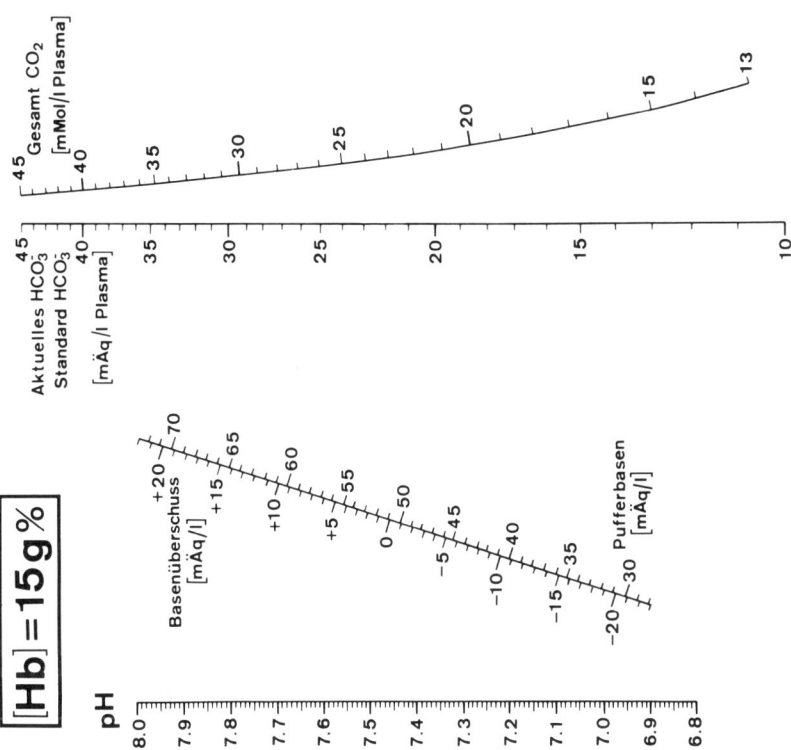

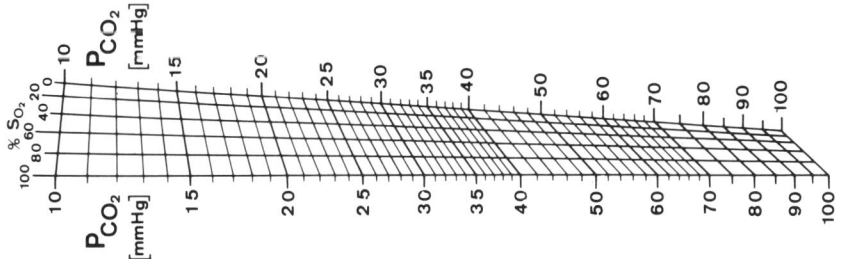

Nr. 1 a

Gebrauchsanweisung für die Säure-Basen-Nomogramme
Nr. 1, 2 und 3

a) Anlegen einer Hilfsgeraden A durch den gemessenen P_{CO_2} auf der linken P_{CO_2}-Skala (siehe nebenstehende Abbildung) und durch das gemessene pH auf der pH-Skala. Der Schnittpunkt der Geraden A mit der Basenleiter ergibt den aktuellen Basenüberschuß (BE). Am Schnittpunkt der Geraden A mit der Bicarbonatleiter ist das aktuelle Bicarbonat abzulesen. Das Gesamt-CO_2 im Plasma ergibt sich aus dem Schnittpunkt mit der Gesamt-CO_2-Skala.

b) Aufsuchen des Schnittpunktes der S_{O_2}-Linie mit der P_{CO_2}-Linie im S_{O_2}-P_{CO_2}-Netz, der den ermittelten Werten entspricht. Durch diesen Punkt und durch das zugehörige pH auf der pH-Skala legt man die Hilfsgerade B. Am Kreuzungspunkt der Geraden B mit der Basenleiter sind die Werte für BE_{ox} und BB des volloxygenierten Blutes abzulesen.

c) Dieser Kreuzungspunkt wird nun mit dem Punkt $P_{CO_2} = 40$ mmHg auf der 100% S_{O_2}-Linie durch die Hilfsgerade C verbunden. Die Gerade C schneidet die Bicarbonatleiter im Standardbicarbonatwert. Die pH-Skala wird von der Geraden C im Standard-pH-Wert geschnitten.

Beispiel

a) Gegeben seien die Meßwerte:

$$pH = 7,35,$$
$$P_{CO_2} = 60 \text{ mmHg},$$
$$S_{O_2} = 70\%.$$

b) Dem Nomogramm sind dann folgende Ergebnisse zu entnehmen:

1. mittels der Geraden A: aktueller BE = 4,5 mÄq/l Blut,
   aktuelles $HCO_3^- = 32,0$ mÄq/l Plasma,
   Gesamt-$CO_2 = 33,7$ mMol/l Plasma;

2. mittels der Geraden B: $BE_{ox} = 3,8$ mÄq/l Blut,
   BB = 54,8 mÄq/l Blut;

3. mittels der Geraden C: Standard-$HCO_3^- = 27,0$ mÄq/l Plasma,
   Standard-pH = 7,45.

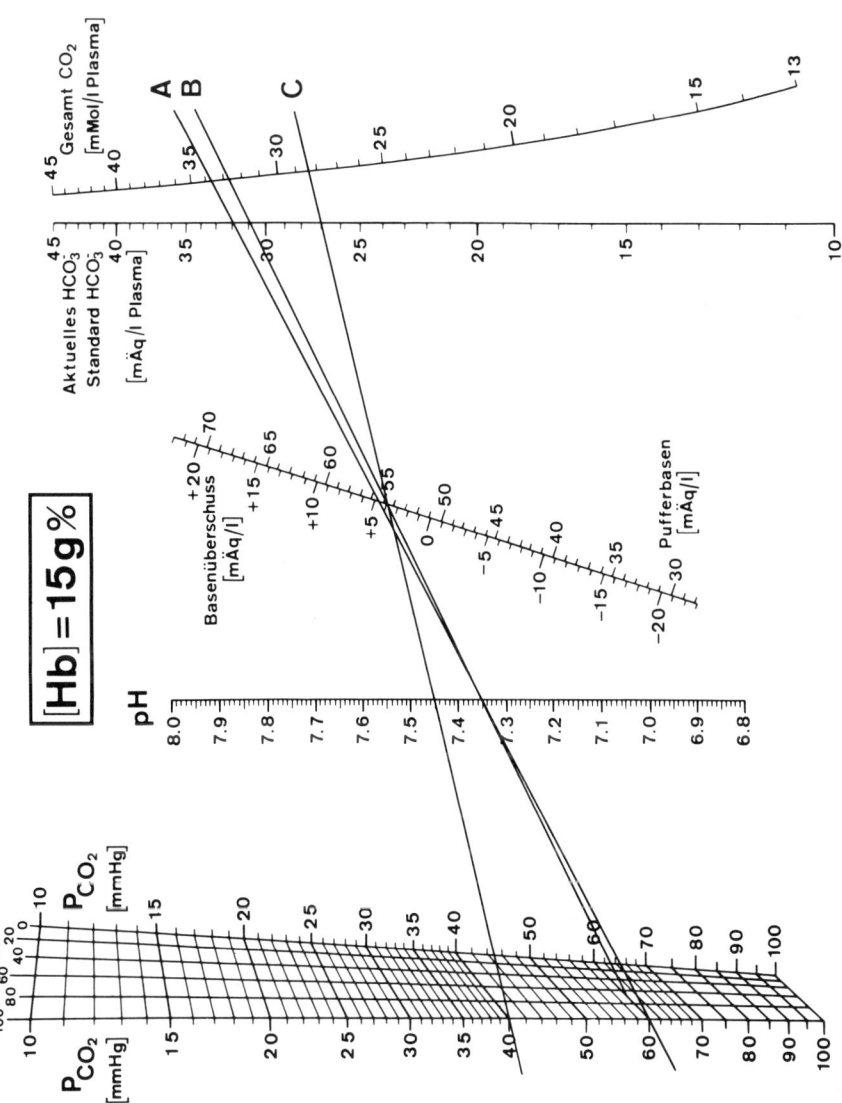

Nr. 1b
Diagnostische Beurteilung einer Säure-Basen-Störung mit Hilfe der Säure-Basen-Nomogramme

Nach Messung des aktuellen pH und des P_{CO_2} im Blut dient die nebenstehende Abbildung zur schnellen diagnostischen Beurteilung einer Säure-Basen-Störung. Dazu sind in das Nomogramm Nr. 1 zwei Linien eingetragen, die die P_{CO_2}-, pH- und Basenleiter in jeweils 3 Abschnitte unterteilen und die den Normbereich einschließen. Die 3 Teile der P_{CO_2}-Skala sind mit A, B und C, die Teile der pH-Skala mit 1, 2 und 3 sowie die Teile der Basenleiter mit a, b und c bezeichnet. Legt man nun die aktuelle P_{CO_2}-pH-Gerade in das Nomogramm, so schneidet sie die einzelnen Leitern in bestimmten Abschnitten. Aus der Kombination der 3 Kennzeichen der Skalenabschnitte kann man, wie aus nachfolgender Tabelle ersichtlich ist, die Art der Störung des Säure-Basen-Gleichgewichts erfassen (s. auch Thews, 1967).

Tabelle. *Kennzeichnung des Säure-Basen-Status durch drei von der aktuellen P_{CO_2}-pH-Geraden geschnittene Streckenabschnitte*

A1a	kombinierte respiratorische Alkalose und nichtrespiratorische Alkalose
A1b	respiratorische Alkalose
A1c	teilweise kompensierte respiratorische Alkalose
A2c	voll kompensierte respiratorische Alkalose und/oder voll kompensierte nichtrespiratorische Acidose
A3c	teilweise kompensierte nichtrespiratorische Acidose
B1a	nichtrespiratorische Alkalose
B2b	Normbereich
B3c	nichtrespiratorische Acidose
C1a	teilweise kompensierte nichtrespiratorische Alkalose
C2a	voll kompensierte respiratorische Acidose und/oder voll kompensierte nichtrespiratorische Alkalose
C3a	teilweise kompensierte respiratorische Acidose
C3b	respiratorische Acidose
C3c	kombinierte respiratorische Acidose und nichtrespiratorische Acidose

Beispiel

Folgende Meßwerte seien bekannt:

$$P_{CO_2} = 30 \text{ mmHg}, \quad pH = 7,3.$$

Die pH-P_{CO_2}-Gerade liegt damit im Abschnitt A der P_{CO_2}-Skala, im Abschnitt 3 der pH-Skala und im Abschnitt c der Basenleiter. Die Symbolkombination ist A3c. Entsprechend der obenstehenden Tabelle liegt in dem gewählten Beispiel eine teilweise kompensierte nichtrespiratorische Acidose vor.

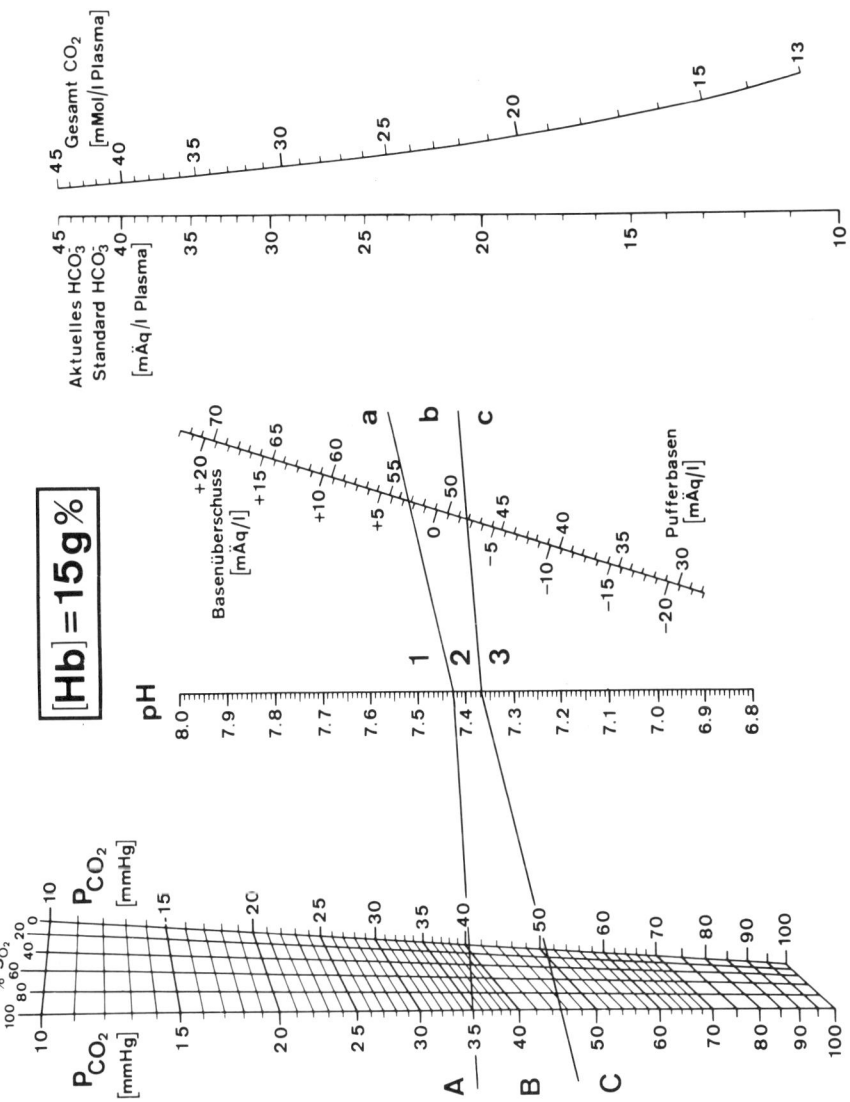

Nr. 1c

O$_2$-Bindungskurven-Nomogramm

Zweck und Anwendungsmöglichkeiten

Das Nomogramm stellt die Schar der pH-abhängigen O$_2$-Bindungs-kurven des Blutes für Hämoglobinkonzentrationen von 15 und 10 g-% in Leiterform dar (Temperatur = 37° C). Es dient hier zur Ermittlung der in Nr. 1, 2 und 3 benötigten O$_2$-Sättigung S$_{O_2}$ aus dem gemessenen O$_2$-Druck P$_{O_2}$ bei bekanntem pH-Wert. Umgekehrt kann es selbstverständlich auch zur Umrechnung von S$_{O_2}$ in P$_{O_2}$ benutzt werden.

Anwendung

1. Die Werte für den polarographisch bestimmten O$_2$-Druck P$_{O_2}$ [mmHg] und den elektrometrisch ermittelten pH-Wert werden auf den entsprechenden Skalen des Nomogramms abgetragen und durch eine Gerade verbunden.

2. Die gesuchte O$_2$-Sättigung wird im Schnittpunkt dieser Geraden mit der linken Sättigungsskala abgelesen.

3. Beträgt die Hämoglobinkonzentration des Blutes 13 g-% oder mehr, benutzt man die rechte O$_2$-Druckskala, die mit 15 g-% [Hb] gekennzeichnet ist. Für Anämieblut mit 8 − 12 g-% Hb gilt die linke, mit 10 g-% [Hb] bezeichnete O$_2$-Druckskala. Im Übergangsbereich (12 bis 13 g-% [Hb]) können die O$_2$-Drucke aus beiden Skalen gemittelt werden.

Grenzen der Anwendung

Die O$_2$-Bindungskurven und ihre pH-Abhängigkeit (Bohr-Effekt) wurden bei 37° C am Blut gesunder Personen (rechte O$_2$-Druckskala) und bei Patienten mit primären und sekundären Anämien sowie Lebercirrhose (linke O$_2$-Druckskala) aufgenommen (ASTRUP et al., 1965; SEVERINGHAUS, 1969; MULHAUSEN et al., 1967). Unter gewissen pathologischen Bedingungen lassen sich auch unabhängig von der Hämoglobinkonzentration O$_2$-Bindungskurvenverlagerungen feststellen, z. B. bei kardiopulmonalen Erkrankungen, Sichelzellanämien, bei Veränderungen der intraerythrocytären Kationenkonzentrationen (s. GROTE, 1970). Für den Fall, daß das Nomogramm nur als Hilfsmittel für die Bestimmung des S$_{O_2}$-Einflusses auf den Säure-Basen-Haushalt dient, dürfen diese geringfügigen Abweichungen jedoch außer Betracht gelassen werden.

Genauigkeit des Nomogramms

Die O$_2$-Bindungskurvenwerte für 15 g-% Hb wurden den Angaben von SEVERINGHAUS (1965) entnommen. Der Fehler der nomographischen Übertragung liegt in der Größenordnung der kleinsten eingezeichneten Skaleneinheit. Darüberhinaus ist mit individuellen P$_{O_2}$-Schwankungen von ±2 mmHg im Halbsättigungsbereich zu rechnen. Für die O$_2$-Druckskala bei 10 g-% lag nur der Halbsättigungswert bei pH = 7,4 nach MULHAUSEN et al. (1967) vor. Die darauf konstruierte O$_2$-Bindungskurve und insbesondere der hier angenommene Bohr-Effekt können also durchaus mit einem größeren Fehler behaftet sein.

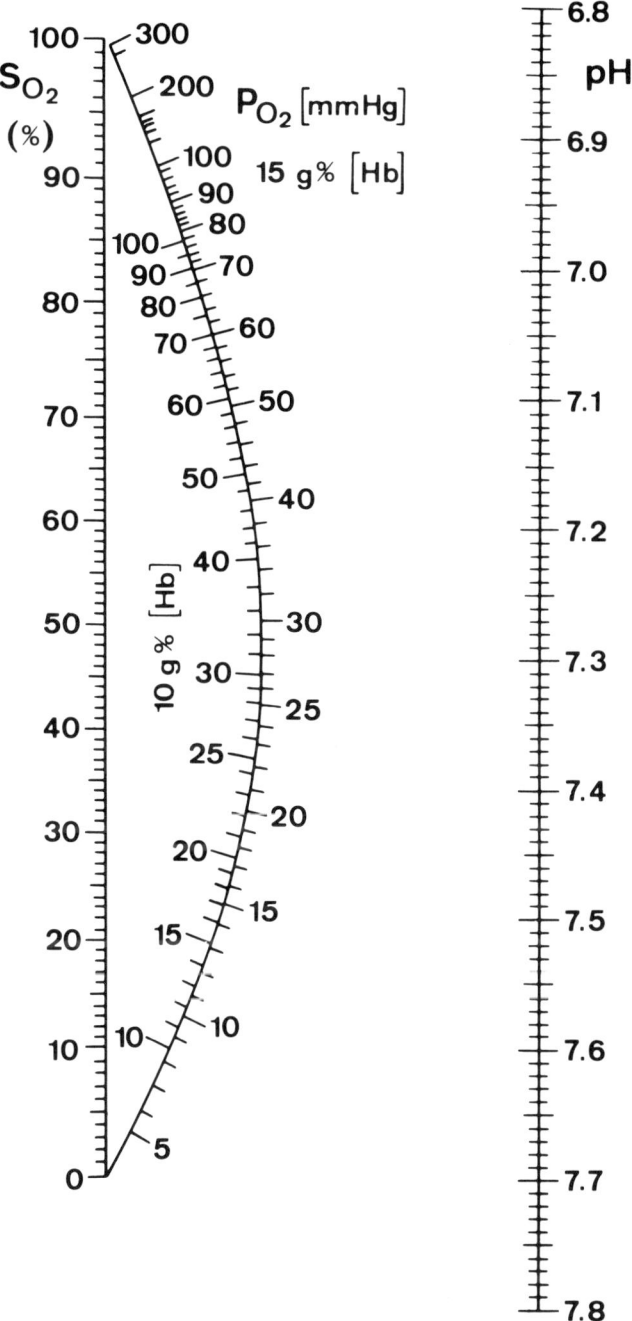

Nr. 2

Nomogramm zur Ermittlung des vollständigen Säure-Basen-Status im Vollblut ([Hb] = 10 g-%)

Zweck und Anwendungsmöglichkeiten

Das Nomogramm dient zur Bestimmung des aktuellen Basenüberschusses (BE) [mÄq/l Blut], des Basenüberschusses (BE_{ox}) und der Pufferbasen (BB) bei vollständiger O_2-Sättigung [mÄq/l Blut], des aktuellen und des Standard-Bicarbonats (HCO_3^-) [mÄq/l Plasma], des Gesamt-CO_2 [mMol/l Plasma] sowie des Standard-pH der Blutprobe (bei $P_{CO_2} = 40$ mmHg und O_2-Vollsättigung).

Voraussetzungen für die Anwendung

Folgende Meßwerte aus dem Blut werden benötigt:

1. aktueller pH-Wert,
2. aktueller CO_2-Partialdruck (P_{CO_2}) [mmHg],
3. aktuelle O_2-Sättigung (S_{O_2} in Prozent).

Grenzen der Anwendung

Das Nomogramm gilt nur für Blutproben mit einer Hb-Konzentration im Bereich von 7,5 – 12,5 g-% und bei einer Temperatur von 37° C.

Genauigkeit und *Handhabung* des Nomogramms entsprechen den Angaben in Nr. 1, Nr. 1a, Nr. 1b und Nr. 1c.

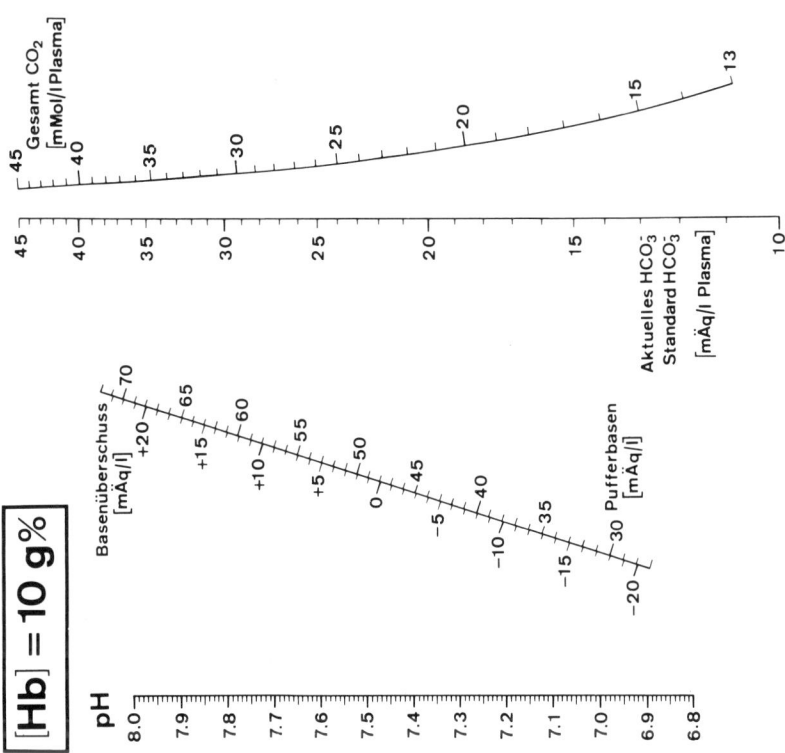

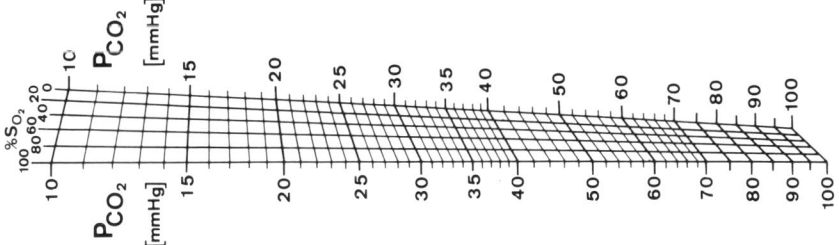

Nr. 3

Nomogramm zur Ermittlung des vollständigen Säure-Basen-Status im Vollblut ([Hb] = 20 g-%)

Zweck und Anwendungsmöglichkeiten

Das Nomogramm dient zur Bestimmung des aktuellen Basenüberschusses (BE) [mÄq/l Blut], des Basenüberschusses (BE_{ox}) und der Pufferbasen (BB) bei vollständiger O_2-Sättigung [mÄq/l Blut], des aktuellen und des Standard-Bicarbonats (HCO_3^-) [mÄq/l Plasma], des Gesamt-CO_2 [mMol/l Plasma] sowie des Standard-pH der Blutprobe (bei $P_{CO_2} = 40$ mmHg und O_2-Vollsättigung).

Voraussetzungen für die Anwendung

Folgende Meßwerte aus dem Blut werden benötigt:

1. aktueller pH-Wert,
2. aktueller CO_2-Partialdruck (P_{CO_2}) [mmHg],
3. aktuelle O_2-Sättigung (S_{O_2} in Prozent).

Grenzen der Anwendung

Das Nomogramm gilt nur für Blutproben mit einer Hb-Konzentration im Bereich von 17,5 – 22,5 g-% und bei einer Temperatur von 37° C.

Genauigkeit und *Handhabung* des Nomogramms entsprechen den Angaben in Nr. 1, Nr. 1a, Nr. 1b und Nr. 1c.

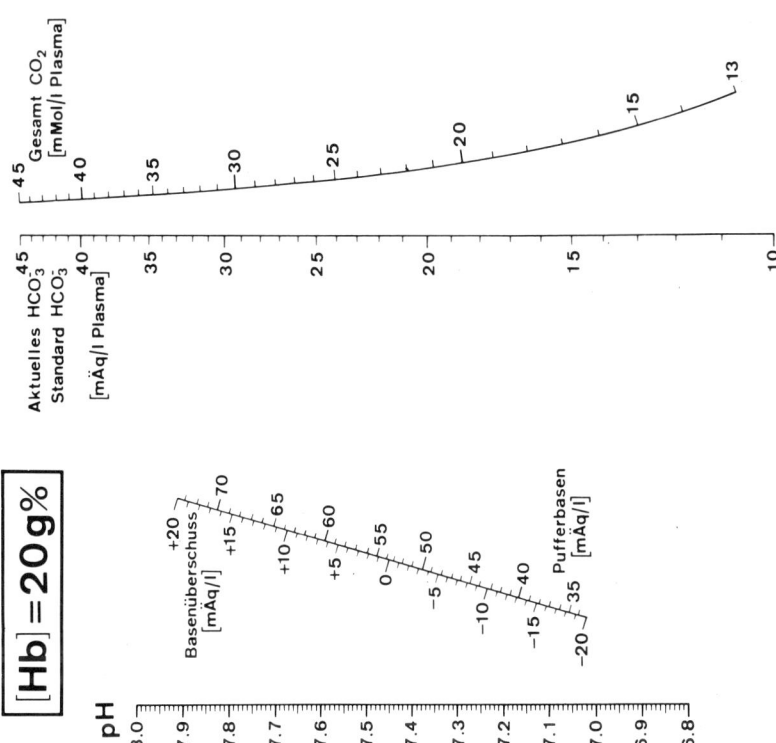

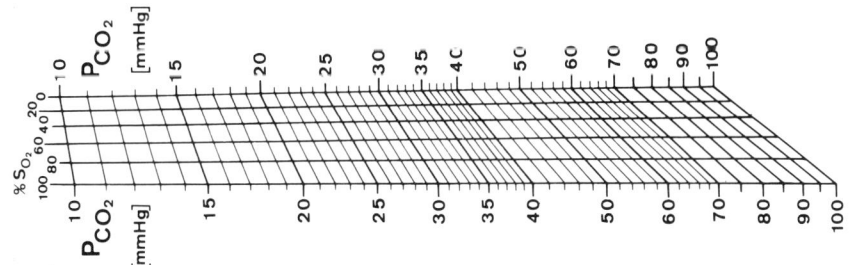

Nr. 4
Nomogramm zur Ermittlung der Therapiedosis bei einer Säure-Basen-Störung (Flüssigkeitsanteil = 30% des Körpergewichtes)

Zweck und Anwendungsmöglichkeiten

Das Nomogramm ermöglicht es, diejenigen Säure- bzw. Basen-Äquivalente zu ermitteln, die zur Korrektur einer Säure-Basen-Störung im menschlichen Blut notwendig sind. Das Nomogramm gilt für alle z. Z. therapeutisch angewandten sauren und basischen Substanzen (Bicarbonat, Lactat, THAM, Argininhydrochlorid, Ammoniumchlorid, Lysinhydrochlorid, HCl).

Voraussetzungen für die Anwendung

Zum Gebrauch des Nomogramms müssen folgende Größen bekannt sein: das Körpergewicht, der Flüssigkeitsanteil am Körpergewicht, der in diesem Fall etwa 30% betragen muß, die Hb-Konzentration, aktuelles pH und P_{CO_2} des Blutes bei 37° C.

Grenzen der Anwendung

Das Nomogramm gilt für Blutproben mit einer Hb-Konzentration zwischen 10 und 20 g-%. Die ablesbaren Säure- bzw. Basen-Äquivalente, die zur Therapie notwendig sind, gelten nur unter der Voraussetzung eines 30%igen Flüssigkeitsanteils am Körpergewicht. Bei der üblichen Berechnung der zu substituierenden Säure- bzw. Basen-Äquivalente nach MELLEMGAARD u. ASTRUP (1960) werden 30% Flüssigkeitsanteil als Normwert angenommen. Der Flüssigkeitsanteil ändert sich bei exsikkierten und überwässerten Patienten. Weiterhin muß bei der Verwendung von THAM als Normwert 20% (s. Nr. 5) angenommen werden. Klinische Erfahrungen mit der Gleichung von MELLEMGAARD u. ASTRUP haben die Notwendigkeit fortlaufender Kontrollen des Therapieerfolges gezeigt. Das gilt auch bei der Benutzung dieses Nomogramms.

Genauigkeit des Nomogramms

Das Nomogramm basiert auf der von MELLEMGAARD u. ASTRUP (1960) angegebenen Gleichung zur Berechnung von Therapiewerten bei Säure-Basen-Störungen sowie auf den von THEWS et al. (1969) beschriebenen P_{CO_2}-pH-BE-Korrelationen bei unterschiedlichen Hb-Konzentrationen. Die Genauigkeit der Berechnung ist besser als die kleinste im Nomogramm eingezeichnete Skaleneinheit. Auch in Extrembereichen ist die Abweichung der Nomogrammwerte von den berechneten Werten kleiner als $\pm 5\%$ und damit klinisch ohne Bedeutung.

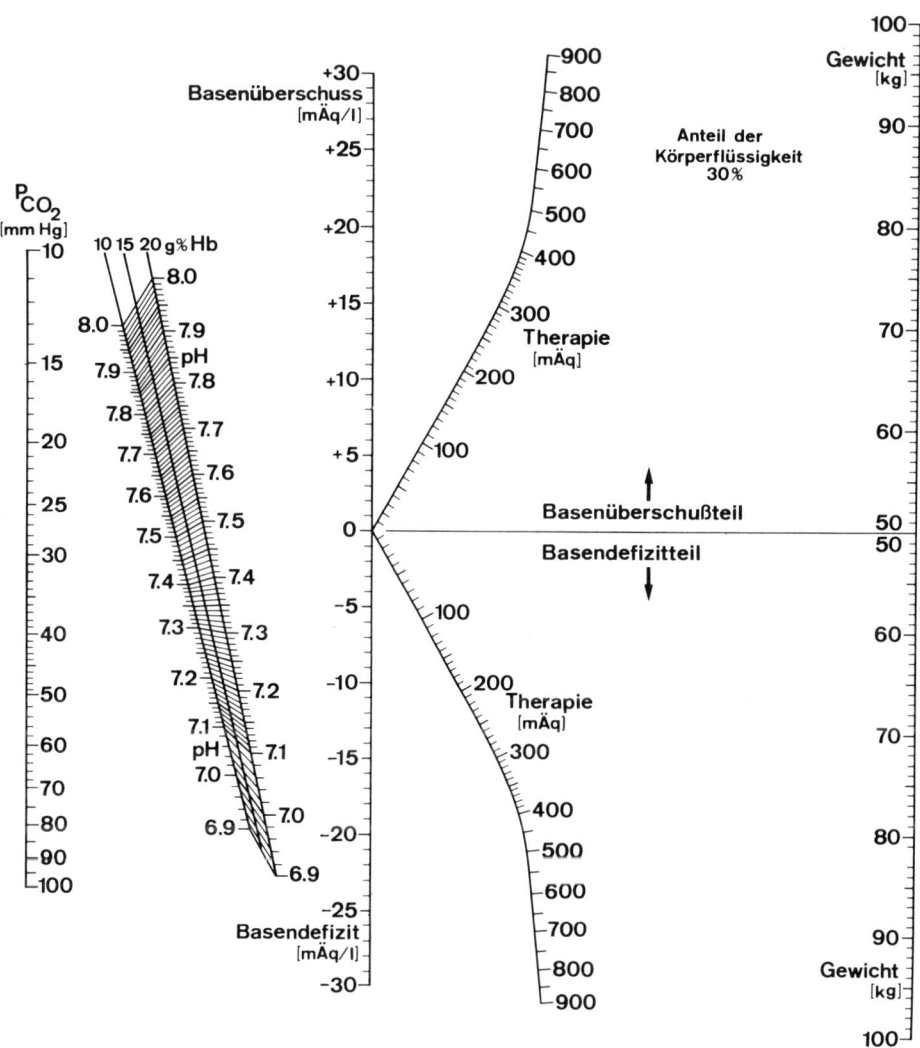

Nr. 4a
Gebrauchsanweisung für die Therapie-Nomogramme
Nr. 4, 5 und 6

a) Anlegen einer Hilfsgeraden A durch den Wert für den gemessenen CO_2-Druck auf der linken P_{CO_2}-Skala (s. nebenstehende Abbildung) und durch den Kreuzungspunkt des aktuell gemessenen pH-Wertes mit der Hb-Linie im pH-Hb-Netz. Diese Gerade schneidet die Basenleiter in dem Punkt, der dem aktuellen Basenüberschuß bzw. -defizit entspricht.

b) Die Gerade B wird durch den ermittelten BE-Wert auf der Basenleiter sowie durch den Punkt des Körpergewichts auf der Gewichtsskala gelegt. Der Schnittpunkt der Geraden B mit der Therapieskala ergibt den gesuchten Therapiewert.

Beispiel

a) Gegeben seien die Meßwerte:

$$pH = 7{,}24,$$
$$P_{CO_2} = 40 \text{ mmHg},$$
$$Hb = 15 \text{ g-}\%.$$

Körpergewicht = 83 kg (Flüssigkeitsanteil mit 30% angenommen).

b) Dem Nomogramm werden dann die folgenden Ergebnisse entnommen:

1. mittels der Geraden A: BE = − 10 mÄq/l Blut,
2. mittels der Geraden B: Therapiedosis = 245 mÄq Basen.

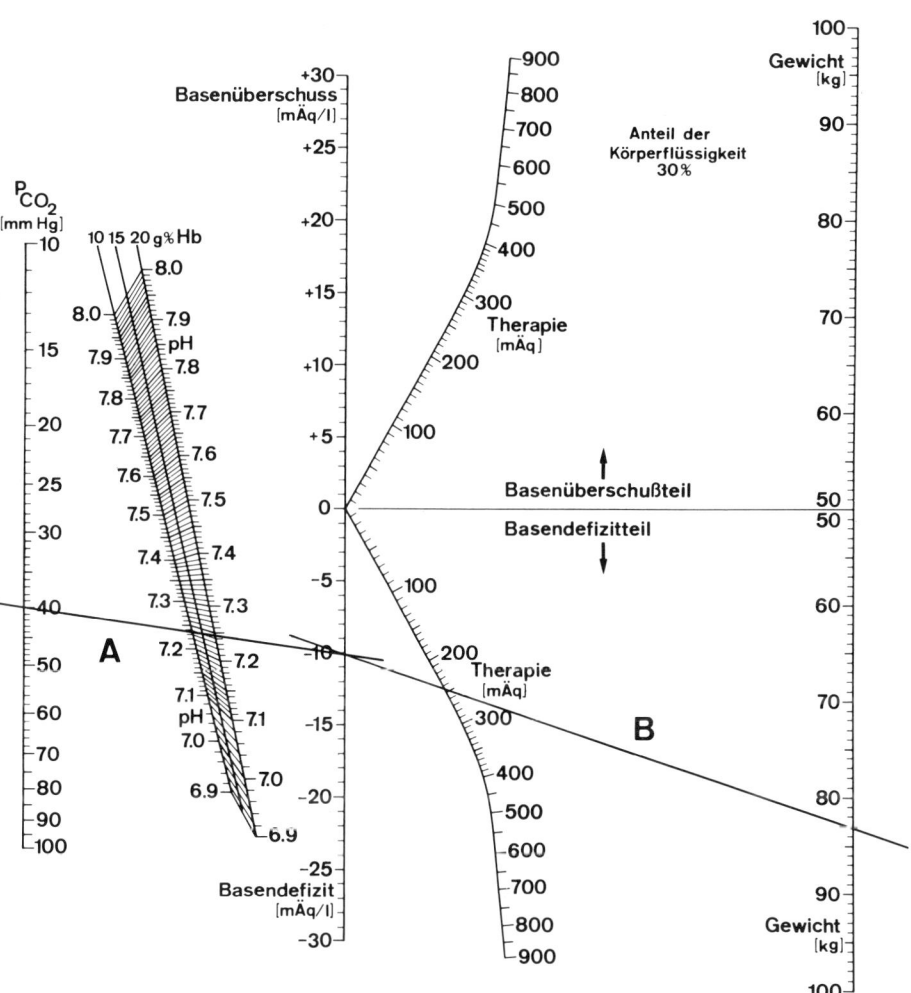

Nr. 5

Nomogramm zur Ermittlung der Therapiedosis einer Säure-Basen-Störung (Flüssigkeitsanteil = 20% des Körpergewichtes)

Zweck und Anwendungsmöglichkeiten

Dieses Nomogramm erlaubt die zur Korrektur einer Säure-Basen-Störung notwendigen Säure- bzw. Basen-Äquivalente bei exsikkierten Patienten zu ermitteln. Bei ausgeprägter Exsikkose wird in der Regel ein Flüssigkeitsanteil von nur 20% des Körpergewichts angenommen. Diese Verhältnisse müssen auch bei einer Therapie nichtexsikkierter Patienten mit THAM zugrunde gelegt werden.

Voraussetzungen für die Anwendung

Folgende Größen müssen bekannt sein: Körpergewicht, Hb-Konzentration, aktuelles pH und P_{CO_2} des Blutes bei 37° C.

Grenzen der Anwendung

Das Nomogramm gilt für Blutproben mit einer Hb-Konzentration zwischen 10 und 20 g-%. Die ermittelten Therapiewerte gelten nur unter der Annahme, daß der Flüssigkeitsanteil am Körpergewicht 20% beträgt. Auch bei Benutzung dieses Nomogramms sind fortlaufende Kontrollen des Säure-Basen-Status während der Therapie notwendig.

Genauigkeit und *Handhabung* des Nomogramms entsprechen den Angaben in Nr. 4 und Nr. 4a.

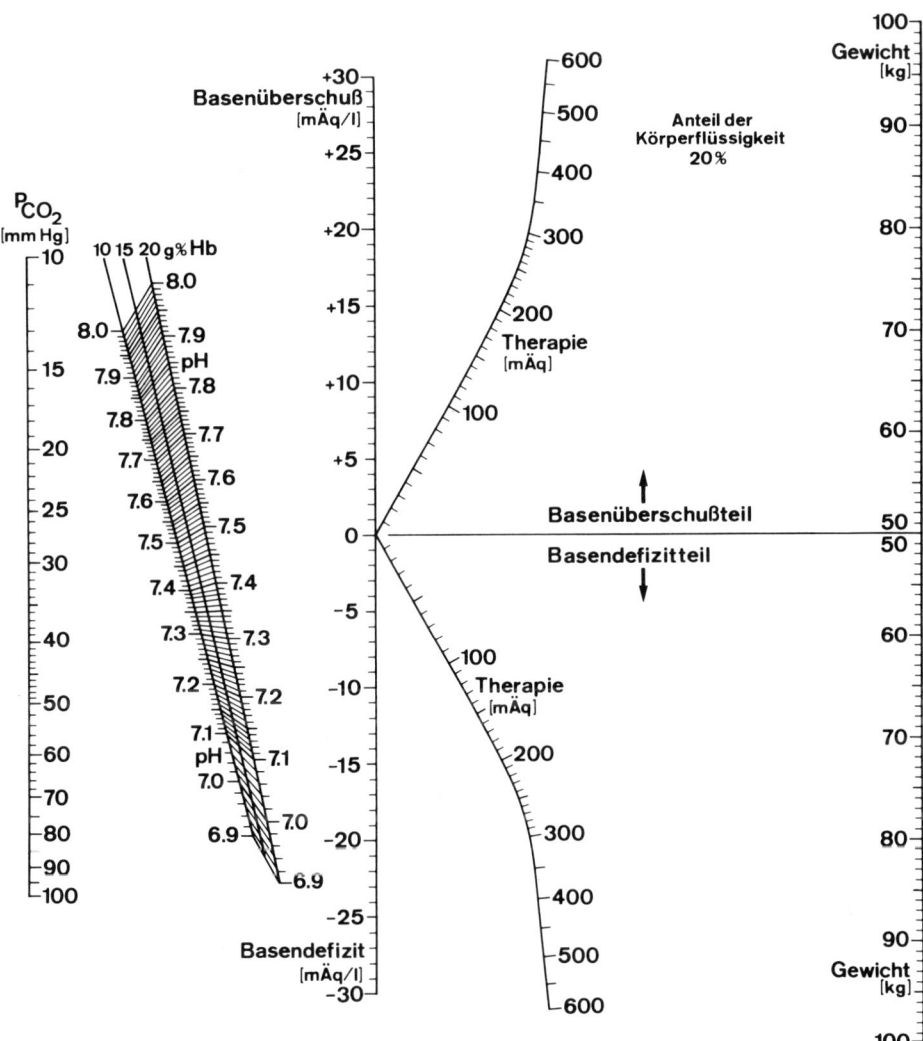

Nr. 6

Nomogramm zur Ermittlung der Therapiedosis einer Säure-Basen-Störung (Flüssigkeitsanteil = 40% des Körpergewichtes)

Zweck und Anwendungsmöglichkeiten

Das Nomogramm dient zur Ermittlung der Säure- bzw. Basen-Äquivalente, die zur Therapie einer Säure-Basen-Störung notwendig sind, wenn der Flüssigkeitsanteil am Körpergewicht 40% beträgt. Dieses Verhältnis wird in der Regel bei überwässerten Patienten angenommen.

Voraussetzungen für die Anwendung

Folgende Größen müssen bekannt sein: Körpergewicht, Hb-Konzentration, aktuelles pH und P_{CO_2} des Blutes bei 37° C.

Grenzen der Anwendung

Das Nomogramm gilt für Blutproben mit einer Hb-Konzentration zwischen 10 und 20 g-%. Die ablesbaren Therapiewerte haben nur Gültigkeit unter der Annahme eines 40%igen Flüssigkeitsanteils am Körpergewicht. Fortlaufende Kontrollen des Säure-Basen-Status während der Therapie sind notwendig.

Genauigkeit und *Handhabung* entsprechen den Angaben in Nr. 4 und Nr. 4a.

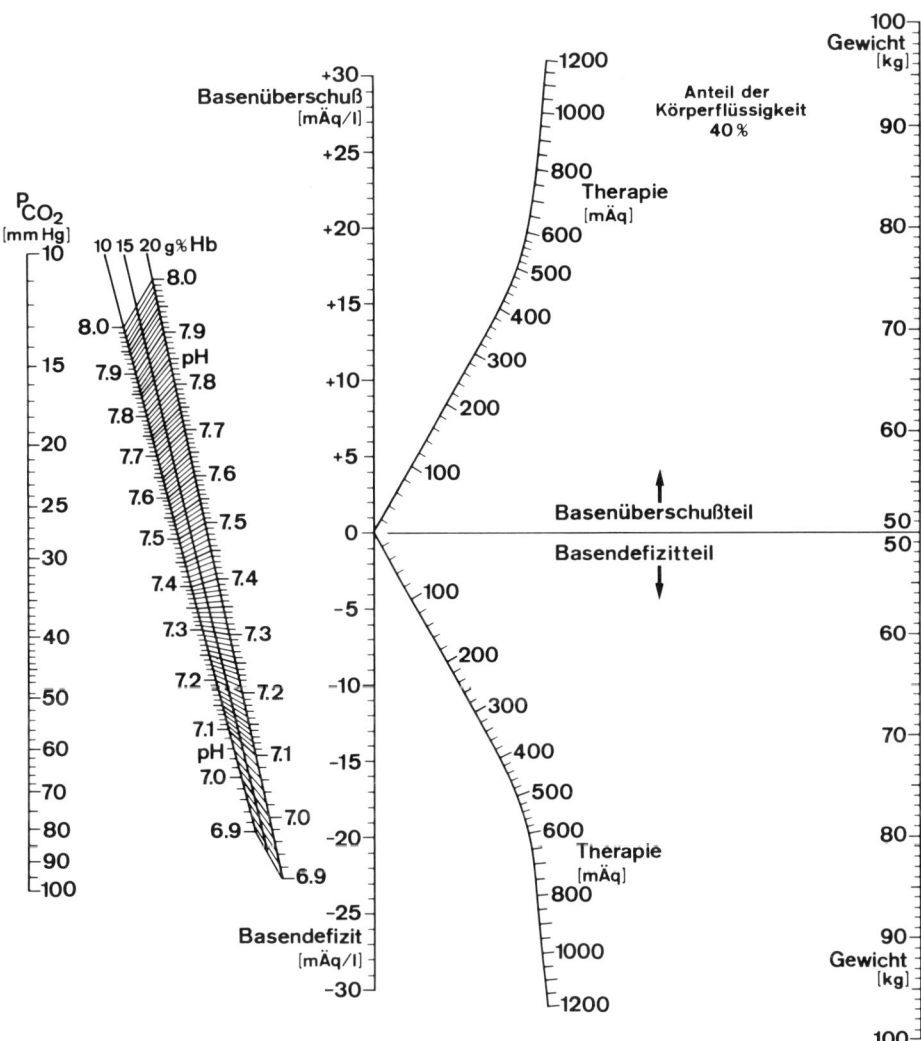

Nr. 7
Kombiniertes Diagnostik-Therapie-Nomogramm

Zweck und Anwendungsmöglichkeiten

Das Nomogramm ermöglicht sowohl die Erfassung des aktuellen Säure-Basen-Status als auch die Festlegung der zur Therapie einer Störung erforderlichen Säure- bzw. Basen-Äquivalente. Es sind in ihm Teile der Nomogramme Nr. 1, Nr. 2 und Nr. 3 sowie die Nomogramme Nr. 4, Nr. 5 und Nr. 6 zusammengefaßt.

Voraussetzungen für die Anwendung

Zur Benutzung des Nomogramms müssen folgende Größen bekannt sein: Körpergewicht, Flüssigkeitsanteil am Körpergewicht in Prozent, Hb-Konzentration, aktuelles pH und P_{CO_2} des Blutes bei 37° C.

Grenzen der Anwendung

Das Nomogramm gilt für Blutproben mit einer Hb-Konzentration zwischen 10 und 20 g-%. Die klinische Erfahrung mit der zur Therapie benutzten Formel von MELLEMGAARD u. ASTRUP hat gezeigt, daß während der Therapie ständig Kontrollen des Säure-Basen-Status notwendig sind. Das gleiche gilt für den Therapieteil des Nomogramms, dem diese Formel zugrunde liegt. Die Genauigkeit des diagnostischen Teils entspricht der des Nomogramms Nr. 1, die Genauigkeit des therapeutischen Teils der des Nomogramms Nr. 4.

Zum *Gebrauch* s. Nr. 7a.

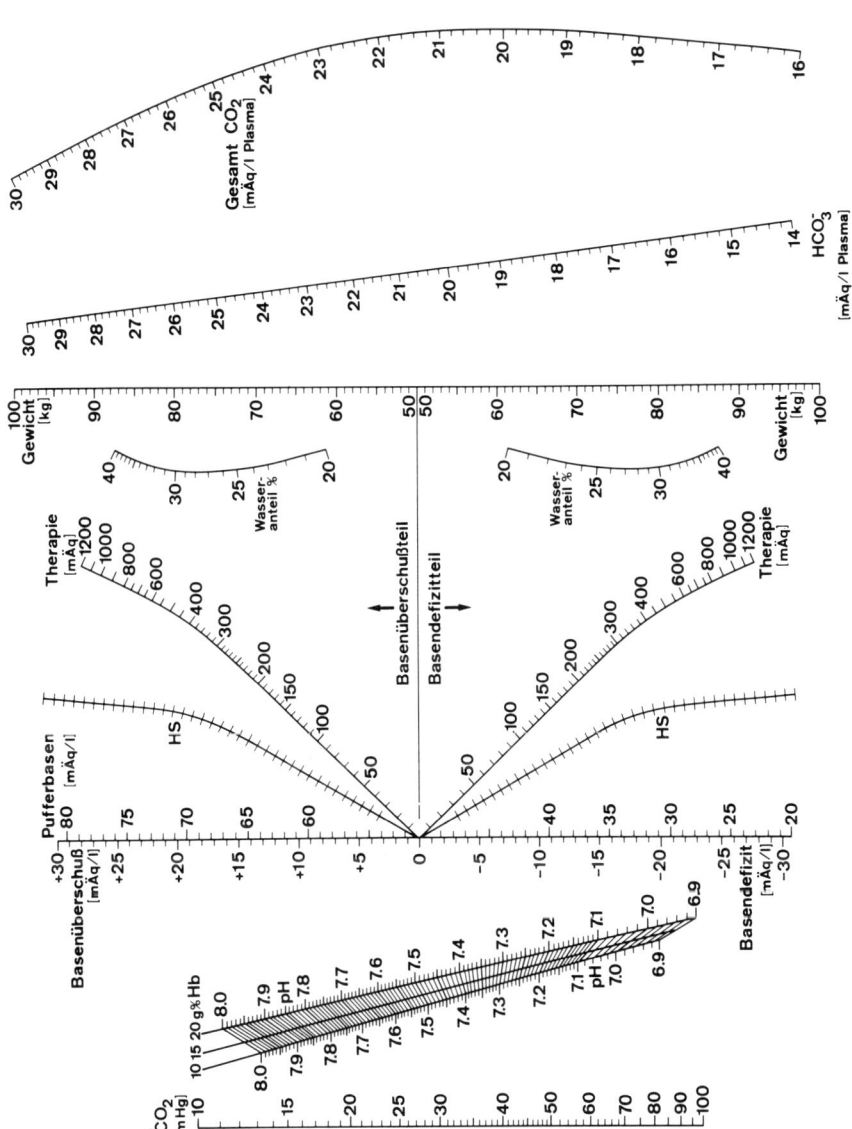

Nr. 7a

Gebrauchsanweisung für das Diagnostik-Therapie-Nomogramm Nr. 7

a) Anlegen einer Hilfsgeraden A durch den Wert für den gemessenen CO_2-Druck auf der linken P_{CO_2}-Skala (siehe nebenstehende Abbildung) und durch den Kreuzungspunkt der jeweiligen Hb-Linie mit dem aktuellen pH-Wert im pH-Hb-Netz. Diese Gerade schneidet die Basenleiter in dem Punkt des aktuellen Basenüberschusses bzw. Basendefizits. Auf der rechten Seite der Basenleiter sind die aktuellen Pufferbasen abzulesen, vorausgesetzt, daß das Blut, entsprechend der Definition der Pufferbasen, vollständig mit O_2 gesättigt ist, d. h. in praxi die O_2-Sättigung mehr als 90 % beträgt. Der Schnittpunkt der Geraden A mit der Bicarbonatleiter ergibt das aktuelle HCO_3^-, der Schnittpunkt mit der Gesamt-CO_2-Leiter den Gesamt-CO_2-Gehalt im Plasma.

b) Anlegen der Hilfsgeraden B durch den ermittelten aktuellen BE-Wert auf der Basenleiter sowie durch den Punkt des Körpergewichts auf der Gewichtsskala. Gerade B schneidet die Hilfsskala HS des Nomogramms in einem bestimmten Punkt, von dem aus der Therapiewert ermittelt wird.

c) Der durch die Gerade B festgelegte Punkt auf der Hilfsskala (HS) wird durch die Gerade C mit dem angenommenen Wasseranteil am Körpergewicht verbunden. Die Hilfsgerade C schneidet die Therapieskala in dem gesuchten Punkt, der die therapeutische Dosis an Basen [mÄq] im Basendefizitteil und an Säure [mÄq] im Basenüberschußteil angibt.

Bemerkung

Für den Fall einer unvollständigen Oxygenierung des Blutes (S_{O_2} unter 90 %) ist das Nomogramm in der gleichen Weise zu benutzen, auf die Ablesung des Pufferbasen-Wertes muß dann jedoch verzichtet werden.

Beispiel

a) Gemessene Werte:
$$pH = 7,15,$$
$$P_{CO_2} = 45 \text{ mmHg},$$
$$Hb = 15 \text{ g-\% } (S_{O_2} \text{ liegt über 90 \%}),$$

Körpergewicht = 55 kg (geschätzter Flüssigkeitsanteil 30 %).

b) Dem Nomogramm können folgende Größen entnommen werden:

1. mittels der Geraden A: BE $= -14{,}5$ mÄq/l Blut,
   BB $= 36{,}5$ mÄq/l Blut,
   aktuelles $HCO_3^- = 15$ mÄq/l Plasma,
   Gesamt-$CO_2 = 16{,}4$ mÄq/l Plasma,
2. mittels der Geraden C: Therapiedosis $= 235$ mÄq Basen.

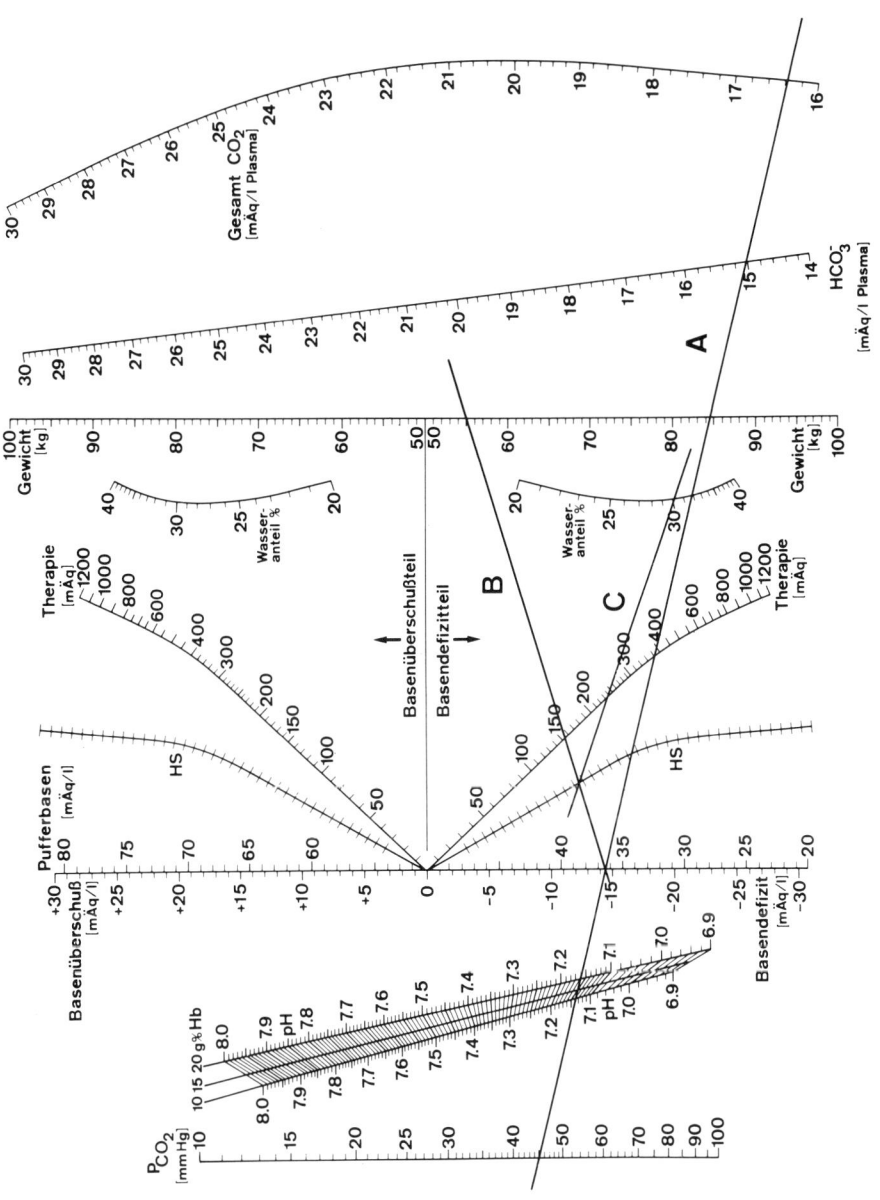

Literatur

ASTRUP, P., ENGEL, K., SEVERINGHAUS, J. W., MUSON, E.: The influence of temperature and pH on the dissociation curve of oxyhemoglobin of human blood. Scand. J. clin. Lab. Invest. **17**, 515 (1965).

BRODDA, K.: Persönliche Mitteilung.

DAVENPORT, H. W.: The ABC of acid-base chemistry. Chicago: The University of Chicago Press 1958.

DILL, D. B., EDWARDS, H. T., CONSOLAZIO, W. V.: Blood as a physicochemical system. XI. Man at rest. J. biol. Chem. **118**, 635 (1937).

GROTE, J.: Atemgas-pH-Nomogramme für das normale menschliche Blut bei verschiedenen Temperaturen. In: Nomogramme zum Säure-Basen-Status des Blutes und zum Atemgastransport. Berlin-Heidelberg-New York: Springer 1971.

HEISLER, N., SCHORER, R.: Beurteilung und Therapie der Veränderungen von pH, P_{CO_2}, HCO_3^- und P_{O_2} im Blut nach neuen Nomogrammen. In: V. FEUERSTEIN: Die Störungen des Säure-Basen-Haushaltes. Berlin-Heidelberg-New York: Springer 1969.

HENDERSON, L. J.: Blood. A study in general physiology. New Haven: Yale University Press 1928.

— MURRAY, C. O.: Nomographische Methoden bei der Untersuchung von Blut und Kreislauf. In: E. ABDERHALDEN: Handb. d. biol. Arbeitsmethoden. Vol. V. 8. Berlin-Wien: Urban u. Schwarzenberg 1935.

KEYS, A., HALL, F. G., BARRON, E. S. G.: The position of the oxygen dissociation curve of human blood at high altitude. Amer. J. Physiol. **115**, 292 (1936).

MELLEMGAARD, K., ASTRUP, P.: The quantitative determination of surplus amounts of acid or base in the human body. Scand. J. clin. Lab. Invest. **12**, 187 (1960).

MENGDEN, H. J. VON: Nomogramme zur Ermittlung therapeutischer Äquivalente bei Säure-Basen-Störungen im menschlichen Blut. In Vorbereitung.

— SCHULTEHINRICHS, D., THEWS, G.: Dependence of plasma pH on oxygen saturation. Respir. Physiol. **6**, 151 (1969).

MULHAUSEN, R., ASTRUP, P., KJELDSEN, K.: Oxygen affinity of hemoglobin in patients with cardiovascular diseases, anemia and cirrhosis of the liver. Scand. J. clin. Lab. Invest. **19**, 291—297 (1967).

SEVERINGHAUS, J. W.: Handbook of Physiology, Respiration Vol. II, Chapter 61. American Physiological Society, Washington 1965.

— Blood gas calculator. J. appl. Physiol. **21**, 1108—1116 (1966).

SIGGAARD-ANDERSEN, O.: The pH-log P_{CO_2} blood acid-base nomogram revised. Scand. J. clin. Lab. Invest. **14**, 598—604 (1962).

— Blood acid-base alignment nomogram. Scand. J. clin. Lab. Invest. **15**, 211—217 (1963).

— Acid base status of the blood. Radiometer Copenhagen 1964.

SINGER, R. B., HASTINGS, A. B.: An improved clinical method for estimation of disturbances of the acid-base balance of human blood. Medicine (Baltimore) **27**, 223—242 (1948).

SLYKE, D. D. VAN, SENDROY, J., Jr., LIU, S. H.: Manometric analysis of gas mixtures. J. biol. Chem. **95**, 547—568 (1932).

THEWS, G.: Ein Nomogramm für die O_2-Abhängigkeit des Säure-Basen-Status im menschlichen Blut. Pflügers Arch. ges. Physiol. **296**, 212—221 (1967).

— SCHULTEHINRICHS, D., MENGDEN, H. J. v.: Revised nomograms for the O_2 dependence of the acid-base status. Respir. Physiol. **6**, 160—167 (1969).

II. Nomogramme für den Säure-Basen-Status im Erythrocyten

K. Brodda und H. J. v. Mengden

Der Säure-Basen-Haushalt des menschlichen Organismus wurde bisher allein anhand von Meßwerten im Vollblut bzw. im Blutplasma beurteilt. Doch schon aus der grundlegenden theoretischen Untersuchung von DONNAN (1911) folgt eine ungleichmäßige Verteilung der Wasserstoffionenkonzentration zwischen extra- und intracellulärem Raum. Nach den ersten Messungen an Erythrocytenhämolysat von MICHAELIS u. DAVIDOFF (1912) und den umfangreichen Untersuchungen von VAN SLYKE et al. (1923) wurde die Gültigkeit der Donnanschen Theorie für das System Erythrocyt-Blutplasma in befriedigender Weise verifiziert.

Obwohl es bis heute kein Routineverfahren zur Analyse des intracellulären oder auch nur des intraerythrocytären Säure-Basen-Haushaltes gibt, werden in der klinischen Diagnostik des Wasser- und Elektrolythaushaltes immer mehr auch die intracellulären Ionenkonzentrationen berücksichtigt.

Durch zahlreiche Untersuchungen wurde jedoch deutlich, daß aus der Kenntnis des extracellulären Säure-Basen-Status nicht ohne weiteres auf die intracellulären Säure-Basen-Verhältnisse geschlossen werden kann.

Störungen des Säure-Basen-Haushalts des Gesamtorganismus gehen nicht vom Extracellulärraum aus, sondern die Stoffwechselprozesse im Zellinnern sind Grund für solche Veränderungen. Zudem kommt gerade den intracellulären Pufferwirkungen entscheidende Bedeutung zu. Man weiß, daß die Enzymaktivität ein pH-Optimum aufweist; wie sich ferner bei der ATP-Spaltung zeigt, kann die Energiebilanz chemischer Reaktionen pH-abhängig sein, desgleichen die Muskelkontraktilität und die Erregungen der Nervenfasermembran. Auch Dissoziationsgrad und Raumstruktur der Proteine sind Funktionen der Wasserstoffionenkonzentration. Die Befunde über den intracellulären Säure-Basen-Haushalt zeigen, daß die Donnantheorie zur Behandlung stark strukturierter Zellen, in deren Inneren es zu lokalen Schwankungen der H^+-Ionenkonzentration kommen kann, modifiziert werden muß. Auch für Muskel- oder Nervenzellen, deren Membranen hohe elektrische Ruhepotentiale besitzen, ist die Donnantheorie nur mit Einschränkungen gültig.

Zur Behandlung der intracellulären Säure-Basen-Verhältnisse ist es daher angezeigt, zunächst ein einfaches Zellmodell zu untersuchen.

Hier bietet sich der Erythrocyt an, weil er nur in geringem Maße intern strukturiert ist, sein elektrisches Membranpotential nur einige Millivolt beträgt und die passive Verteilung der H^+-Ionen an der Erythrocytenmembran durch viele Untersuchungen gesichert erscheint. Zudem ist es nach Ansicht einiger Autoren (Riecker u. v. Bubnoff, 1958; Riecker, 1963; Staib et al., 1961) bei einigen Erkrankungen mit gewissem Vorbehalt möglich, Änderungen der Ionenverteilung im Erythrocyten als repräsentativ für die im gesamten Intracellulärraum anzusehen. Folgende Methoden sind bisher zur intracellulären bzw. intraerythrocytären pH-Bestimmung benutzt worden:

1. pH-Messung im Zellbrei (z. B. Michaelis u. Davidoff, 1912; Furusawa u. Kerridge, 1927; Gleichmann et al., 1965).

2. pH-Bestimmung durch Farbstoffindikatoren (z. B. Schmidt-mann, 1924; Bradford u. Davies, 1950).

3. pH-Messungen mit Hilfe von Mikroelektroden (Literaturübersicht bei Caldwell, 1956).

4. Bestimmung des Zell-pH-Wertes aus der Verteilung des Ammoniak-Ammonium-Puffergemisches (Robin et al., 1960).

5. Bestimmung des intraerythrocytären pH-Wertes aus der Verteilung von 5,5-Dimethyl-2,4-Oxazolidindion (DMO) (Waddell u. Butler, 1959).

Zur Beurteilung des intraerythrocytären Säure-Basen-Haushalts ist jedoch die Kenntnis des pH-Wertes allein nicht ausreichend. Eingehende experimentelle Untersuchungen der Ionenverteilung an der Erythrocytenmembran wurden von Van Slyke et al. (1925) und von Fitzsimons u. Sendroy (1961) unternommen. Gleichmann, v. Stuckrad u. Zindler (1965) haben ein Routineverfahren zur Bestimmung des intraerythrocytären Säure-Basen-Haushalts in Anlehnung an die für Vollblut schon länger gebräuchliche Astrup-Mikromethode entwickelt. Dabei wird Erythrocytenhämolysat mit zwei verschiedenen CO_2-Gemischen äquilibriert, im Siggaard-Andersen-Nomogramm die entsprechende pH-logP_{CO_2}-Gerade eingezeichnet und die relevanten Säure-Basen-Werte (aktueller P_{CO_2}, Standardbicarbonat, Basenüberschuß usf.) abgelesen.

Unseres Erachtens unterliegt diese Methode folgenden Einschränkungen:

1. Aus den schon lange bekannten Titrationskurven für die intraerythrocytären, nicht permeierenden Puffersysteme (hauptsächlich Hämoglobin, ATP und DPG) folgt in sauren pH-Bereichen eine so starke Krümmung der Äquilibrierungskurven im pH-logP_{CO_2}-System, daß Äquilibrierungen mit nur zwei CO_2-Gemischen kaum genügen können.

2. Die Bestimmung der intraerythrocytären Standardbicarbonat-konzentration aus dem Siggaard-Andersen-Nomogramm ist nur unter der Annahme richtig, daß sich H^+- und Bicarbonat-Ionen nach demselben Donnanfaktor verteilen. Somit ist es nicht sinnvoll, die aus dem Vollblut-Nomogramm entnommenen Pufferbasen- und Basen-überschußwerte als Größen des intraerythrocytären Säure-Basen-Haushalts aufzufassen.

3. Ähnlich wie bei der Verwendung des Siggaard-Andersen-Nomogramms für Vollblut gibt auch seine Benutzung für den intraerythrocytären Säure-Basen-Haushalt keine Auskunft über die Sauerstoffabhängigkeit der Säure-Basen-Werte. Ein Nomogramm, das die Sauerstoffabhängigkeit der Säure-Basen-Werte berücksichtigt, benötigt keine aus Äquilibrierung mit verschiedenen CO_2-Gemischen gewonnenen Meßwerte. Unter Benutzung der aktuell gemessenen Größen können vielmehr die gesuchten Werte direkt und ohne zusätzliche Rechnung aus dem Nomogramm ermittelt werden.

4. Die intraerythrocytären Äquilibrierungsgeraden beziehen sich allein auf das isolierte Hämolysat und geben nur beschränkt über das tatsächliche Säure-Basen-Verhalten der „wahren" Erythrocyten im Vollblut Aufschluß.

Die für die „wahren" Erythrocyten gültigen Säure-Basen-Werte und deren Zusammenhang mit den Vollblutwerten haben wir mit Hilfe einer erweiterten Donnantheorie, die auch den pH-abhängigen Wassergehalt der Zellen berücksichtigt, berechnet (BRODDA u. v. MENGDEN, 1971). Bei normalem Säure-Basen-Haushalt des Vollblutes ergeben sich damit zwanglos die intraerythrocytären Standardwerte.

Bei der Rechnung wurden die Titrationskurven von HENDERSON et al. (1931) für oxygeniertes und desoxygeniertes Hämoglobin benutzt, woraus man auch die Sauerstoffabhängigkeit der intraerythrocytären Säure-Basen-Werte erhält. Der berechnete normale intraerythrocytäre pH-Wert liegt an der oberen Grenze der experimentell bestimmten Daten. Trotzdem schien es uns sinnvoll, die Hendersonschen Kurven zu benutzen, einmal, weil sie Grundlage zur Berechnung der Standardwerte des Vollblut-Säure-Basen-Haushalts gewesen sind, zum anderen, weil sich eine recht gute Übereinstimmung zwischen Rechnung und den Vollblutwerten des Nomogramms nach THEWS ergibt. Ein kleinerer Wert für das normale intraerythrocytäre pH würde zudem eine weit höhere Konzentration der normalen Pufferbasen im Vollblut fordern, als sie tatsächlich gefunden wird.

In der Tabelle sind Definitionen und Größen der Standardwerte des intraerythrocytären Säure-Basen-Haushalts gemeinsam mit den entsprechenden Vollblutgrößen zusammengestellt. Die Ergebnisse der Berechnungen wurden in zwei Nomogrammen dargestellt. Nomogramm

Tabelle. *Die wichtigsten Größen im Säure-Basen-Haushalt von Vollblut und Erythrocyten (die angegebenen Werte beziehen sich sämtlich auf 37° C)*

Symbol	Bedeutung	Größe unter Standardbedingungen	Maßeinheit
pH_{Blut}	pH-Wert im Plasma des Vollblutes	—	—
pH_{Ery}	pH-Wert im Erythrocyten	—	—
P_{CO_2}	(gleicher) CO_2-Partialdruck im Erythrocyten und im Plasma des Vollblutes	—	mmHg
Hb	Hämoglobinkonzentration im Vollblut	—	g/100 ml Blut
Hb_{Ery}	intraerythrocytäre Hämoglobinkonzentration	—	g/100 ml Ery
S_{C_2}	Sauerstoffsättigung des Hämoglobins	—	%
NBB	Pufferbasen im Vollblut bei normalem Säure-Basen-Haushalt	50,8	mÄq/l Blut
NBB_{Ery}	intraerythrocytäre Pufferbasen bei normalem Säure-Basen-Haushalt	61,9	mÄq/l Ery
BB_{Blut}	Pufferbasen im Blut	—	mÄq/l Blut
BB_{Ery}	intraerythrocytäre Pufferbasen	—	mÄq/l Ery
BE_{Blut}	Basenüberschuß im Vollblut	—	mÄq/l Blut
BE_{Ery}	intraerythrocytärer Basenüberschuß ($BE_{Ery} = BB_{Ery} - NBB_{Ery}$)	—	mÄq/l Ery
Standard $HCO_3^-{}_{Blut}$	Standardbicarbonat im Plasma des Vollblutes ($P_{CO_2} = 40$ mmHg, $S_{O_2} = 100\%$)	24,0	mÄq/l Plasma
Standard $HCO_3^-{}_{Ery}$	intraerythrocytäres Standardbicarbonat ($P_{CO_2} = 40$ mmHg, $S_{O_2} = 100\%$)	14,2	mÄq/l Plasma
aktuelles $HCO_3^-{}_{Blut}$	aktuelles Bicarbonat im Plasma des Vollblutes	—	mÄq/l Plasma
aktuelles $HCO_3^-{}_{Ery}$	aktuelles intraerythrocytäres Bicarbonat	—	mÄq/l Ery
Standard pH_{Blut}	pH-Wert im Plasma des Vollblutes ($P_{CO_2} = 40$ mmHg, $S_{O_2} = 100\%$)	7,4	—
Standard pH_{Ery}	pH-Wert im Erythrocyten ($P_{CO_2} = 40$ mmHg, $S_{O_2} = 100\%$)	7,288	—

Nr. 8 gibt die Säure-Basen-Verhältnisse im „wahren" Erythrocyten des Vollblutes wieder, der mit dem Blutplasma im Kontakt steht. Das kombinierte Nomogramm Nr. 9 gibt über den Zusammenhang von intraerythrocytären Werten mit denen des Vollbluts Auskunft. Das intraerythrocytäre Nomogramm erfordert zwar die etwas aufwendigere Messung des pH-Wertes im Erythrocyten, doch kann man hier die intraerythrocytären Säure-Basen-Werte mit größerer Genauigkeit ablesen, weil man von der Konzentration der Elektrolyte und Eiweiße im Plasma sowie auch vom Hämatokritwert weitgehend unabhängig ist.

Zur Ergänzung der Gebrauchsanweisung sind den Nomogrammen jeweils Beispiele hinzugefügt (Darstellungen Nr. 8a sowie Nr. 9a und b).

Nr. 8
Nomogramm zur Ermittlung des intraerythrocytären Säure-Basen-Status

Zweck und Anwendungsmöglichkeit

Das Nomogramm dient zur Ermittlung des Säure-Basen-Haushalts im Erythrocyten. Es enthält auch die Sauerstoffabhängigkeit des intraerythrocytären Säure-Basen-Haushalts. Es ist daher möglich, die Säure-Basen-Parameter direkt und ohne zusätzliche Äquilibrierungsmaßnahmen aus den aktuell gemessenen Werten zu gewinnen.

Voraussetzungen zur Anwendung des Nomogramms

Für das Nomogramm werden folgende Meßwerte benötigt:

1. CO_2-Partialdruck im Vollblut,
2. Sauerstoffsättigung des Vollblutes,
3. pH-Wert im Erythrocyten, der nach der DMO-Methode (Waddell u. Butler, 1959) oder durch direkte Messung im Hämolysat (Gleichmann, v. Stuckrad u. Zindler, 1965) bestimmt werden kann. Die O_2-Sättigung kann mit Hilfe von pH und dem O_2-Partialdruck auch aus dem Nomogramm Nr. 1c bestimmt werden.

Grenzen der Anwendung

Das Nomogramm gilt exakt für eine intraerythrocytäre Hämoglobinkonzentration von 33,4 g/100 ml Erythrocyten. Das entspricht bei einem normalen Hämatokritwert von 45% einer Hb-Vollblutkonzentration von 15 g-%. Auch bei erhöhten oder verminderten extra- bzw. intraerythrocytären Kalium- und Natriumionenkonzentrationen lassen sich die Nomogramme mit genügender Genauigkeit anwenden.

Genauigkeit des Nomogramms

Das Nomogramm läßt sich für intraerythrocytäre Hb-Konzentrationen im Bereich von 28 g/100 ml Erythrocyten bis 34 g/100 ml Erythrocyten verwenden. Die größten Abweichungen der berechneten Werte von den im Nomogramm angegebenen entstehen für die intraerythrocytäre Hb-Konzentration von 28 g/100 ml bei sehr sauren pH-Werten und hohen Basendefiziten. Die Fehler betragen dann für den CO_2-Partialdruck höchstens 6,0 mmHg, für die intraerythrocytären Pufferbasen 3,3 mÄq/l und für alle anderen Konzentrationen nicht mehr als 1,0 mÄq/l.

Die durch Zeichnen und Reproduktion entstandenen Fehler sind kleiner als die kleinste eingezeichnete Skaleneinheit.

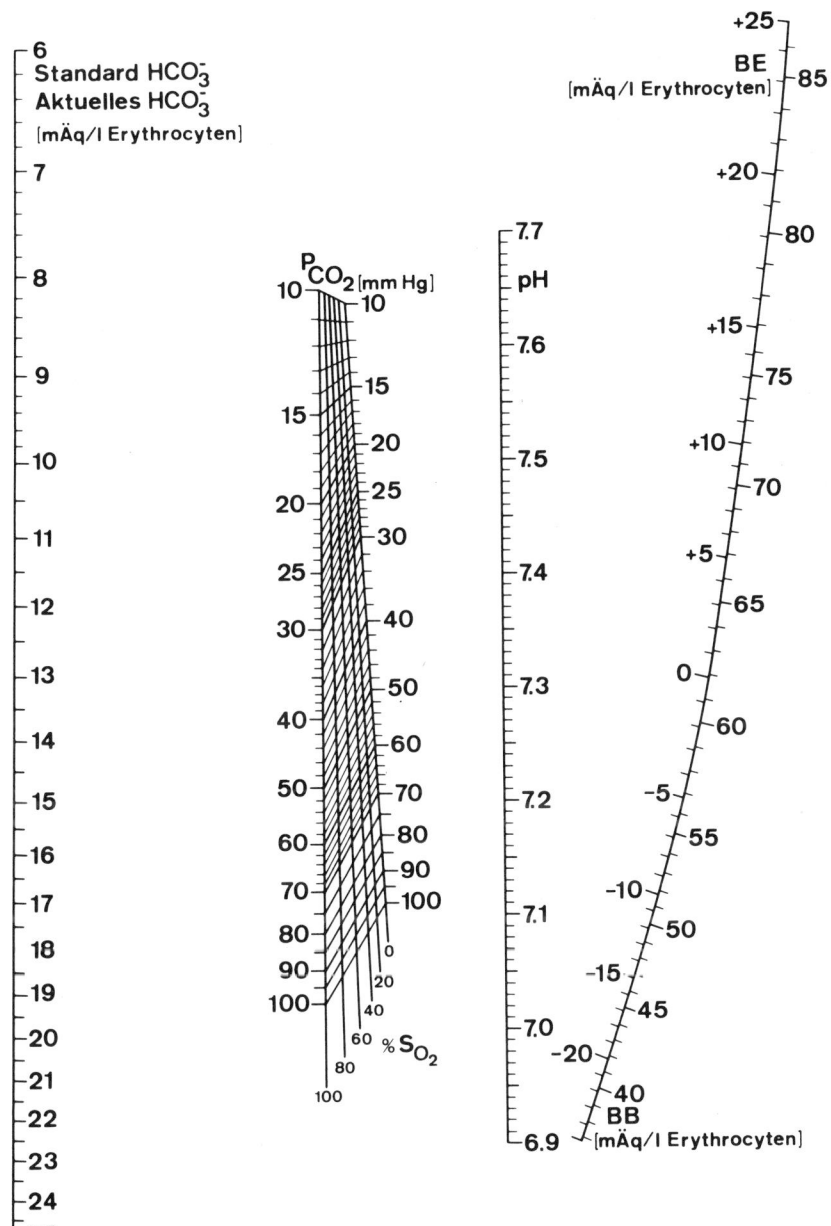

Nr. 8a

Beschreibung und Gebrauch des Nomogramms Nr. 8

Das Nomogramm besteht, von links nach rechts gelesen, aus:

1. einer Bicarbonatleiter, auf der in mÄq/l Erythrocyten sowohl aktuelles als auch Standard-Bicarbonat abzulesen sind,

2. einem P_{CO_2}-Netz, dessen schräge Linien den CO_2-Druck, dessen senkrechte Linien die Sauerstoffsättigung darstellen,

3. einer pH-Leiter für den pH-Wert im Erythrocyten,

4. einer doppelten Basenleiter für den Basenüberschuß und die Pufferbasen.

Zunächst wird eine Gerade E1 durch den P_{CO_2}-Wert auf der linken Seite des P_{CO_2}-S_{O_2}-Netzes (Linie für $S_{O_2} = 100\%$) und durch den gemessenen intraerythrocytären pH-Wert gelegt. Man kann dann aktuellen Basenüberschuß und aktuelles Bicarbonat ablesen. Dann wird die Gerade E2 durch denselben pH-Wert und den für die gemessenen Werte von P_{CO_2} und S_{O_2} gültigen Schnittpunkt im P_{CO_2}-S_{O_2}-Netz gelegt. Nun lassen sich BB und BE des oxygenierten Blutes ablesen. Schließlich wird die Gerade E3 durch den Schnittpunkt der Geraden E2 mit der Basenleiter und durch $P_{CO_2} = 40$ mmHg auf der linken P_{CO_2}-Skala des P_{CO_2}-S_{O_2}-Netzes gelegt. Mit Hilfe dieser Geraden E3 lassen sich die Werte für Standardbicarbonat und Standard-pH ermitteln.

Beispiel

Gemessen seien die intraerythrocytären Werte:

$$P_{CO_2} = 60 \text{ mmHg, pH} = 7,130, S_{O_2} = 60\%.$$

1. Anlegen der Geraden E1 durch $P_{CO_2} = 60$ mmHg auf der linken P_{CO_2}-Skala des Netzes sowie durch 7,130 auf der pH-Skala.

Ablesen der Werte:
aktuelles BE intraerythrocytär: $-10,9$ mÄq/l Ery,
aktuelles HCO_3^- intraerythrocytär: 14,7 mÄq/l Ery.

2. Anlegen der Geraden E2 durch pH = 7,130 und durch den Schnittpunkt zwischen den Linien $S_{O_2} = 60\%$ und $P_{CO_2} = 60$ mmHg des Netzes.

Ablesen der Werte:
BE der oxygenierten Erythrocyten: $-13,6$ mÄq/l Ery,
BB der oxygenierten Erythrocyten: 48,2 mÄq/l Ery.

3. Anlegen der Geraden E3 durch den Schnittpunkt der Geraden E2 mit der Basenleiter (BE $= -13,6$ mÄq/l Ery) und durch den Punkt $P_{CO_2} = 40$ mmHg auf der linken P_{CO_2}-Skala des Netzes.

Ablesen der Werte:

Standard HCO_3^- intraerythrocytär: 10,4 mÄq/l Ery,
Standard pH intraerythrocytär: 7,151.

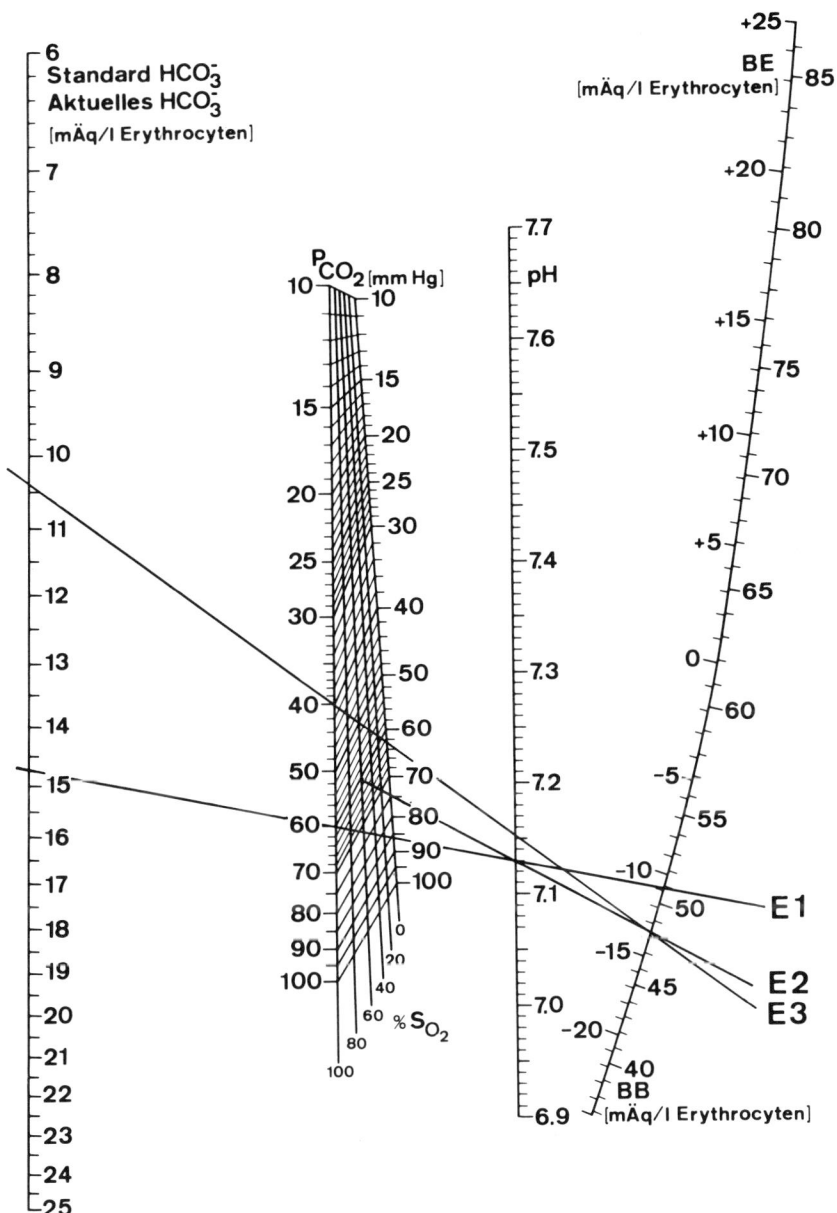

Nr. 9
Nomogramm zur Ermittlung des vollständigen Säure-Basen-Status im Vollblut und im Erythrocyten

Zweck und Anwendungsmöglichkeit

Das Nomogramm enthält die Zuordnung von intraerythrocytärem und Vollblut-Säure-Basen-Haushalt sowie deren Sauerstoffabhängigkeit. Es lassen sich daher mit diesem Nomogramm aus den aktuell gemessenen Blutwerten alle wichtigen Größen des Säure-Basen-Haushalts von Vollblut und zugehörigen Erythrocyten bestimmen.

Voraussetzungen zur Anwendung des Nomogramms

Für das Nomogramm werden folgende Meßwerte benötigt:

1. CO_2-Partialdruck im Vollblut,
2. pH-Wert im Vollblut,
3. Sauerstoffsättigung des Vollblutes.

Grenzen der Anwendung und Genauigkeit

Das Nomogramm gilt exakt für eine Hb-Vollblutkonzentration von 15 g-%, was bei einem normalen Hämatokritwert von 45% einer intraerythrocytären Hämoglobinkonzentration von 33,4 g/100 ml Ery entspricht.

Wie bei reinen Vollblutnomogrammen muß außer der Bestimmung der Hb-Konzentration des Vollblutes auch der Hämatokritwert überprüft werden.

Das Nomogramm läßt sich für Hb-Vollblutkonzentrationen im Bereich von 12,5 g-% bis 17,5 g-% mit einer für praktische Zwecke ausreichenden Genauigkeit verwenden. Die größten Fehler an den Enden dieses Bereichs betragen für den CO_2-Partialdruck 6,0 mmHg, für die intraerythrocytären Pufferbasen 3,3 mÄq/l und für alle anderen Konzentrationen nicht mehr als 1,0 mÄq/l.

Die durch Zeichnen und Reproduktion entstandenen Fehler sind kleiner als die kleinste eingezeichnete Skaleneinheit.

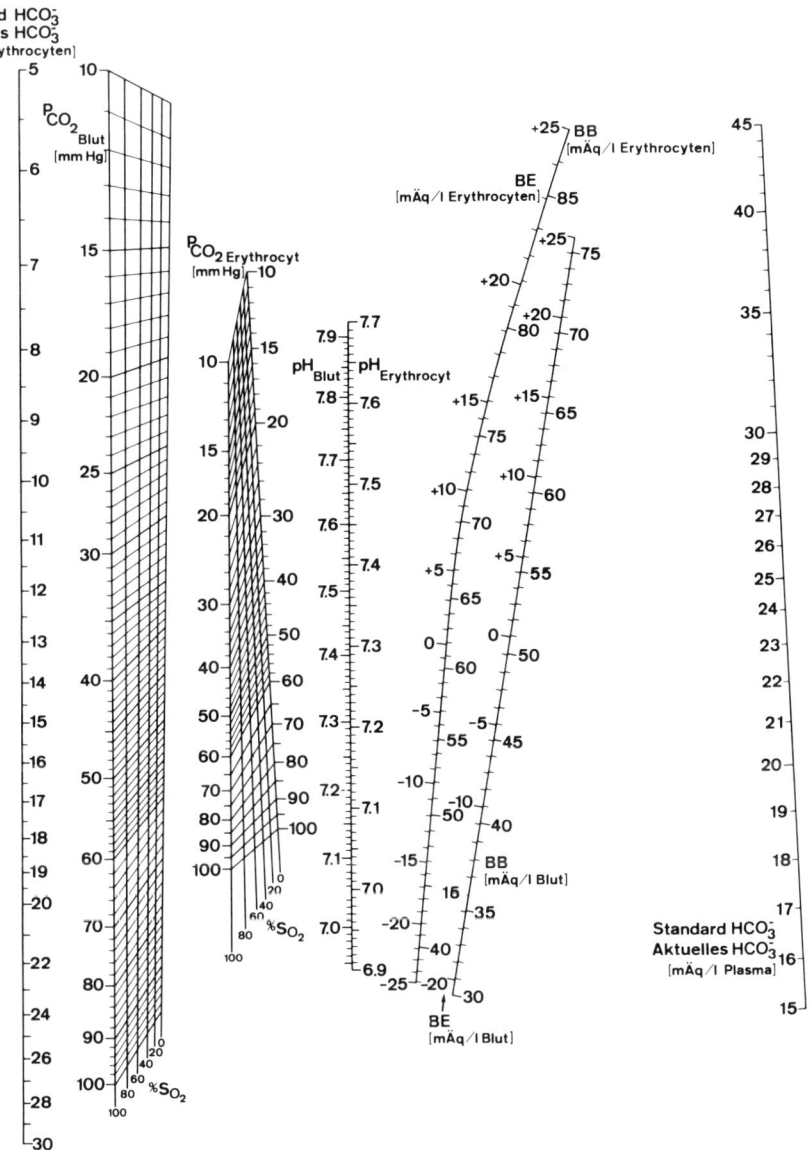

Nr. 9a

Beschreibung und Gebrauch des Nomogramms Nr. 9

Das Nomogramm besteht, von links nach rechts gelesen, aus:

1. der Bicarbonatleiter für aktuelles und Standard-Bicarbonat in mÄq/l Erythrocyten,

2. dem P_{CO_2}-S_{O_2}-Netz für Vollblut (vgl. Beschreibung von Nomogramm Nr. 8),

3. dem P_{CO_2}-S_{O_2}-Netz für Erythrocyten,

4. der doppelten pH-Skala, links mit den pH-Werten im Blut, rechts mit den pH-Werten im Erythrocyten,

5. der doppelten Basenleiter für Basenüberschuß und Pufferbasen im Erythrocyten, beides in mÄq/l Erythrocyten angegeben,

6. der doppelten Basenleiter für Pufferbasen und Basenüberschuß in mÄq/l Blut,

7. der Bicarbonatleiter für aktuelles und Standard-Bicarbonat in mÄq/l Plasma.

Man geht von den Meßwerten für Vollblut aus und ermittelt mit Hilfe der für das Vollblut gültigen Skalen die Säure-Basen-Werte wie im Nomogramm nach THEWS (vgl. Gebrauchsanweisung Nr. 1a). Auf der doppelten pH-Skala ist dem aktuellen Vollblut-pH der intraerythrocytäre pH-Wert zugeordnet. Da die im Vollblut gemessenen P_{CO_2}- und S_{O_2}-Werte auch intraerythrocytär gelten, verfährt man unter Benutzung des intraerythrocytären pH-Wertes und des entsprechenden P_{CO_2}-S_{O_2}-Netzes zur Ermittlung des intraerythrocytären Säure-Basen-Haushaltes, wie in der Gebrauchsanweisung Nr. 8a beschrieben.

Beispiel Gegeben seien die folgenden Vollblut-Meßwerte:

$$P_{CO_2} = 60 \text{ mmHg}, \text{ pH} = 7{,}25, \text{ } S_{O_2} = 60\%.$$

a) Anlegen einer Geraden A durch $P_{CO_2} = 60$ mmHg auf der linken Seite des P_{CO_2}-S_{O_2}-Netzes für Vollblut sowie durch den pH-Wert 7,25 auf der pH_{Blut}-Skala.

Ablesen der Werte: aktuelles BE im Blut: $-3{,}2$ mÄq/l Blut, aktuelles HCO_3^-: 25,1 mÄq/l Plasma.

b) Anlegen der Geraden B durch $pH_{Blut} = 7{,}25$ und durch den Schnittpunkt der $S_{O_2} = 60\%$-Linie mit der $P_{CO_2} = 60$ mmHg-Linie im P_{CO_2}-S_{O_2}-Netz für Vollblut.

Ablesen der Werte: BE des oxygenierten Blutes: -4 mÄq/l Blut, BB des oxygenierten Blutes: 46,8 mÄq/l Blut.

c) Anlegen einer Geraden C durch den Schnittpunkt der Geraden B mit der Basenleiter des Vollblutes ($BE_{Blut} = -4$ mÄq/l Blut) und durch $P_{CO_2} = 40$ mmHg auf der linken P_{CO_2}-Skala des P_{CO_2}-S_{O_2}-Netzes für Vollblut.

Ablesen der Werte: Standard HCO_3^-: 20,8 mÄq/l Plasma, Standard pH: 7,338.

Fortsetzung auf der nächsten Seite unter Nr. 9b

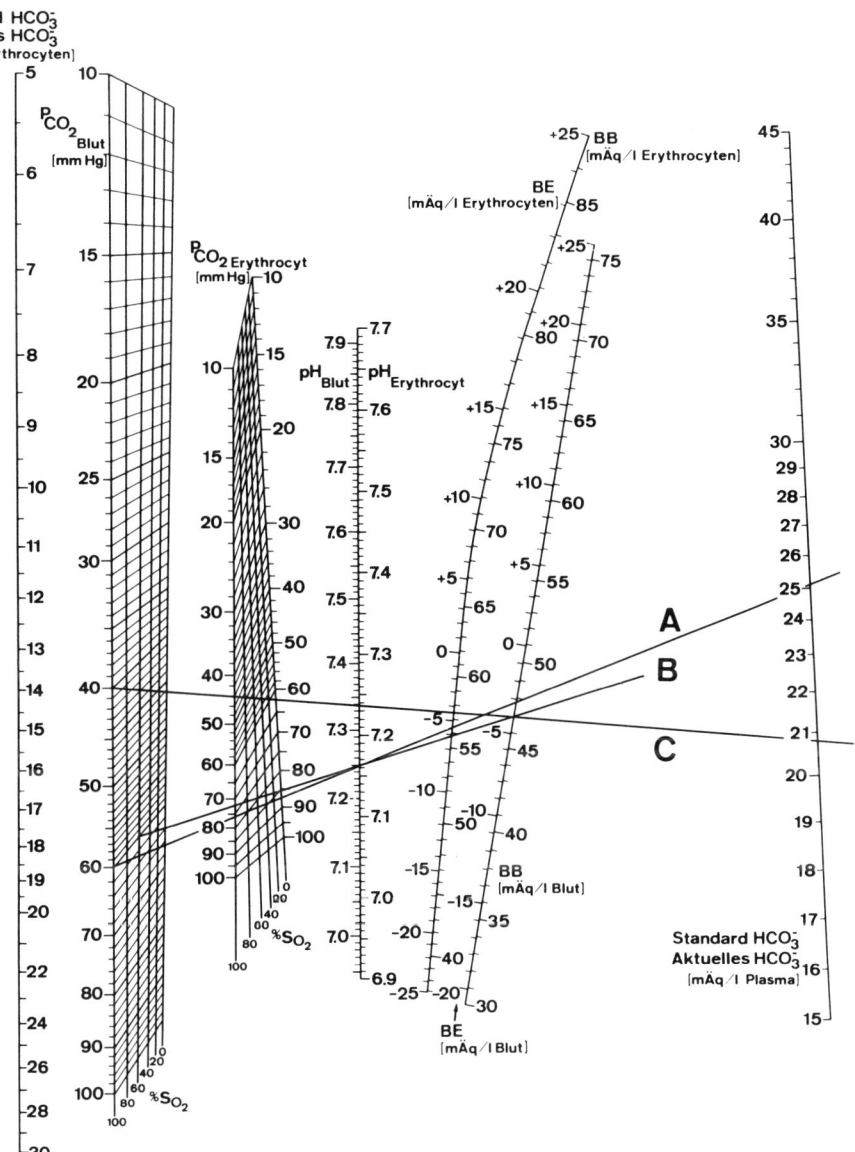

Nr. 9b

Fortsetzung der Gebrauchsanweisung des Nomogramms Nr. 9

Der pH_{Ery}-Wert ist durch den Schnittpunkt der Geraden A mit der pH_{Ery}-Skala gegeben

$$pH_{Ery} = 7{,}162.$$

a) Anlegen der Geraden E1 durch $pH_{Ery} = 7{,}162$ und durch den $P_{CO_2} = 60$ mmHg-Punkt auf der linken P_{CO_2}-Skala des P_{CO_2}-S_{O_2}-Netzes für Erythrocyten.

Ablesen der Werte:
aktuelles BE intraerythrocytär: $-8{,}1$ mÄq/l Ery,
aktuelles HCO_3^- intraerythrocytär: 15,8 mÄq/l Ery.

b) Anlegen der Geraden E2 durch $pH_{Ery} = 7{,}162$ und durch den Schnittpunkt zwischen den zu $P_{CO_2} = 60$ mmHg und $S_{O_2} = 60\%$ gehörenden Linien im P_{CO_2}-S_{O_2}-Netz für Erythrocyten.

Ablesen der Werte:
BE der oxygenierten Erythrocyten: $-10{,}1$ mÄq/l Ery,
BB der oxygenierten Erythrocyten: 51,7 mÄq/l Ery.

c) Anlegen der Geraden E3 durch den Schnittpunkt der Geraden E2 mit der Basenleiter für Erythrocyten (BE $= -10{,}1$ mÄq/l Ery) und durch den Punkt $P_{CO_2} = 40$ mmHg auf der linken P_{CO_2}-Skala im P_{CO_2}-S_{O_2}-Netz für Erythrocyten.

Ablesen der Werte:
Standard HCO_3^- intraerythrocytär: 11,1 mÄq/l Ery,
Standard pH intraerythrocytär: 7,186.

Damit ist nach Messung von P_{CO_2}, P_{O_2} bzw. S_{O_2} und pH im Blut der gesamte Säure-Basen-Status des Vollblutes und im Erythrocyten festgelegt.

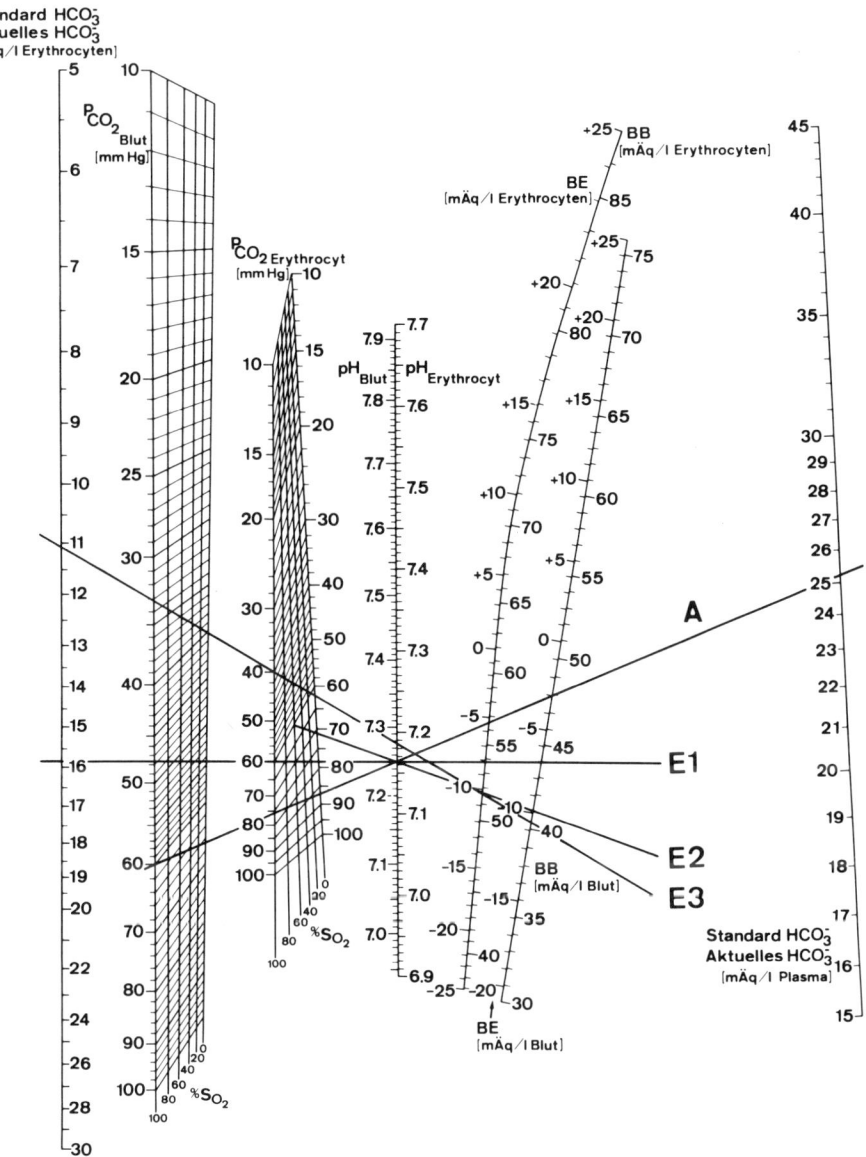

Standard HCO₃⁻
Aktuelles HCO₃⁻
[mÄq / l Erythrocyten]

Literatur

Bradfort, N. M., Davies, R. E.: Site of hydrochloric acid production in stomach as determinated by indicators. Biochem. J. **46**, 414 (1950).

Brodda, K., Mengden, H.-J. v.: Eine Berechnung der pH-log P_{CO_2}-Äquilibrierungskurven für Erythrocyten (In Vorbereitung).

Caldwell, C. C.: Intracellular pH. Int. Rev. Cytol. **5**, 229 (1956).

Donnan, F. G.: Theorie der Membrangleichgewichte und Membranpotentiale bei Vorhandensein von nicht dialysierenden Elektrolyten. Ein Beitrag zur physikalisch-chemischen Physiologie. Z. Elektrochem. **17**, 572 (1911).

Fitzsimons, E. J., Sendroy, J.: Distribution of electrolytes in human blood. J. biol. Chem. **236**, 1595 (1961).

Furusawa, K., Kerridge, P. M. T.: Hydrogen ion concentration of muscle. J. Physiol. (Lond.) **63**, 33 (1927).

Gleichmann, U., Stuckrad, H. v., Zindler, M.: Methode zur Bestimmung des intracellulären Säurebasenhaushalts (pH, pCO_2, Standardbicarbonat, Basenüberschuß) in Erythrocyten. Pflügers Arch. ges. Physiol. **283**, 43 (1965).

Mengden, H.-J. v., Schultehinrichs, D., Thews, G.: Säure-Basen-Nomogramme für das menschliche Blut. In: Nomogramme zum Säure-Basen-Status des Blutes und zum Atemgastransport. Berlin-Heidelberg-New York: Springer 1971.

Michaelis, L., Davidoff, W.: Methodisches und Sachliches zur elektrometrischen Bestimmung der Blutalkaleszens. Biochem. Z. **46**, 131 (1912).

Riecker, G.: Kationenverteilung an Erythrocyten bei Acidose. Klin. Wschr. **40**, 51 (1963).

— Bubnoff, M. v.: Über den intracellulären Wasser- und Elektrolytstoffwechsel. Untersuchungen an Erythrocyten. II. Mitteilung: Ödemkrankheiten. Klin. Wschr. **36**, 556 (1958).

Robin, E. D., Bromberg, P. A., Forkner, C. E., Croteau, J. R.: Extracellular-intracellular acid-base relationships using ammonia-ammonium buffer pair. J. appl. Physiol. **15**, 527 (1960).

Schmidtmann, M.: Über eine Methode zur Bestimmung der Wasserstoffzahl im Gewebe und in einzelnen Zellen. Biochem. Z. **150**, 253 (1924).

Van Slyke, D. D., Hastings, A. B., Murray, C. D., Senndroy, J.: Studies of gas and electrolyte equilibria in blood. VIII. The distribution of hydrogen, chloride and bicarbonate ions in oxygenated and reduced blood. J. biol. Chem. **65**, 701 (1925).

— Hsien Wu, McLean, F. C.: Studies of gas and electrolyte equilibria in the blood. V. Factors controlling the electrolyte and water distribution in the blood. J. biol. Chem. **56**, 765 (1923).

Staib, I., Maurath, J.: Beeinflussung der Elektrolyte durch Prämedikation, moderne Narkose und bei einigen chirurgischen Erkrankungen. Melsung. med.-pharm. Mitt. 1961, H. **98**.

Waddell, W. J., Butler, T. C.: Calculation of intracellular pH from the distribution of 5.5-dimethyl-2.4-oxazolidinedione (DMO). Application to the skeletal muscle of the dog. J. clin. Invest. **38**, 720 (1959).

III. Atemgas-pH-Nomogramme für das normale menschliche Blut bei verschiedenen Temperaturen

J. Grote

Der Transport und Austausch der Atemgase im Organismus wird in starkem Maße von der wechselseitigen Beeinflussung der einzelnen Atemgasgrößen bestimmt. Um den Atemgaswechsel beurteilen zu können, müssen somit die verschiedenen Atemgasgrößen möglichst vollständig erfaßt werden. Da die direkte Bestimmung der einzelnen Parameter einen erheblichen meßtechnischen wie zeitlichen Aufwand erfordert, wurden nach Untersuchung der Wechselbeziehungen zwischen der O_2- und CO_2-Bindung im Blut Nomogramme entwickelt, aus denen bei Kenntnis von zwei der untersuchten Größen O_2-Druck (P_{O_2}), CO_2-Druck (P_{CO_2}), O_2-Sättigung (S_{O_2}), CO_2-Gehalt (C_{CO_2}) und pH die übrigen unmittelbar abgelesen werden können.

a) O_2-Kapazität und O_2-Affinität des normalen menschlichen Blutes

Die Sauerstoffmenge, welche vom Blut in der Lunge aufgenommen und in den Organen an das Gewebe abgegeben werden kann, wird von der O_2-Kapazität und der O_2-Affinität des Blutes bestimmt.

Unter der Sauerstoffkapazität des Blutes ist seine maximale O_2-Aufnahmefähigkeit pro definierter Volumeneinheit zu verstehen. Sie hängt unter physiologischen O_2-Druckbedingungen und bei normalen Temperaturen nahezu ausschließlich von der Hämoglobinkonzentration des Blutes ab.

Die Sauerstoffaffinität des Blutes ist gegeben durch das Verhältnis zwischen dem herrschenden O_2-Druck und der O_2-Sättigung des Hämoglobins. Die graphische Darstellung dieser Funktion ist die Sauerstoffbindungskurve des Blutes. Ihr Verlauf bestimmt vorrangig, in welchem Ausmaße unter den in der Lunge herrschenden O_2-Druckbedingungen der Sauerstoff im arteriellen Blut gebunden werden kann. In den Geweben wird durch die Verlaufsform der Sauerstoffbindungskurve der O_2-Druckabfall im Blut während des Capillardurchflusses und damit die Größe der O_2-Menge, die in der Zeiteinheit aus den Capillaren zu den Orten des O_2-Verbrauches diffundiert, beeinflußt. Eine Reihe von Faktoren, zu denen besonders die Temperatur (BAR-CROFT u. KING, 1909; zusammenfassende Darstellung: SEVERINGHAUS,

1966) und der Säure-Basen-Status (BOHR et al., 1904; HENDERSON, 1928; zusammenfassende Darstellung: SEVERINGHAUS, 1966) des Blutes zu zählen sind, verändern die Sauerstoffaffinität des Blutes. Sie gewinnen gleichzeitig Einfluß auf die physiologischen und pathophysiologischen Bedingungen für die O_2-Versorgung der Gewebe.

Unter physiologischen Bedingungen stehen die Wirkung von Änderungen des pH-Wertes (HENDERSON, 1928) bzw. des CO_2-Druckes im Blut (BOHR et al., 1904) auf die Sauerstoffaffinität des Hämoglobins im Vordergrund. Beide Einflüsse werden als Bohr-Effekt zusammengefaßt und quantitativ durch das Verhältnis $\Delta \log P_{50}/\Delta pH$ ($P_{50} = O_2$-Halbsättigungsdruck) ausgedrückt. Zur Zeit kann nicht mit Sicherheit entschieden werden, ob die nach CO_2-Druckänderungen im Blut zu beobachtende Verlagerung der Sauerstoffbindungskurve ausschließlich auf die gleichzeitig damit einhergehende Änderung des pH-Wertes zurückzuführen ist oder ob außerdem eine spezifische Wirkung des Kohlendioxyds auf die O_2-Affinität des Hämoglobins besteht (zusammenfassende Darstellungen: NAERAA et al., 1963, 1966; SEVERINGHAUS, 1966; GROTE, 1968).

Typische Verlagerungen der Sauerstoffbindungskurve des menschlichen Blutes können durch Veränderungen von einer Reihe weiterer Größen hervorgerufen werden. Zu ihnen zählen vorrangig die Molekülstruktur des Hämoglobins (zusammenfassende Darstellungen: PERUTZ u. LEHMANN, 1968; PARER, 1970), die Hämoglobin- und Kationenkonzentration im einzelnen Erythrocyten und der intraerythrocytäre Säure-Basen-Status (ADOLPH u. FERRY, 1921; SOMMERKAMP et al., 1961; ROOTH et al., 1962; GROTE, 1967; WALDECK u. ZANDER, 1969) sowie der Gehalt der Erythrocyten an organischen Phosphorverbindungen insbesondere von 2,3 DPG und ATP (CHANUTIN u. CURNISH, 1967; BENESCH u. BENESCH, 1967, 1968, 1969; RÖRTH, 1968; BAUER et al., 1969; OSKI et al., 1969, 1970; DUHM, 1970), von Glutathion (HOREJSI, 1967) und CO-Hämoglobin (HALDANE u. SMITH, 1897/98, zusammenfassende Darstellung: ROUGHTON u. DARLING, 1944; HELLUNG-LARSEN et al., 1966; ASTRUP et al., 1966; MULHAUSEN et al., 1967). Als Ursache für die Veränderung der O_2-Affinität des Blutes bei verschiedenen Enzymdefekten innerhalb der Erythrocyten wird die gleichzeitige Änderung der Konzentration organischer Phosphorverbindungen angesehen (DELIVORIA-PAPADOPOULOS et al., 1969; MOURJINIS et al., 1969). Weiterhin werden diskutiert als Größen, die Einfluß auf die O_2-Affinität des Blutes gewinnen können, die Form und das Alter der Erythrocyten (VALTIS u. BAIKIE, 1955; BARTELS u. RIEGEL, 1959; HUCKAUF u. WALDECK, 1967), die Carboanhydraseaktivität in den Erythrocyten (HOREJSI u. KOMARKOVA, 1960), spezifische Faktoren der Erythrocytenmembran (HOREJSI u. KOMARKOVA, 1959) sowie die Konzentration verschiedener Hormone im Blut (GAHLENBECK et al., 1968/69; BAUER, 1968).

Veränderungen der Sauerstoffaffinität des Blutes werden in charakteristischer Weise während des Fetallebens und der Entwicklung im Kindesalter beobachtet (zusammenfassende Darstellungen: RIEGEL, 1965; VOGEL et al., 1965; WULF et al., 1966; LEHMANN, 1969). Sie treten weiterhin auf im Verlaufe von Anpassungsvorgängen im Organismus an erhöhte körperliche Leistungen, das Leben in größeren Höhenlagen und durch Herz- und Lungenerkrankungen hervorgerufene chronische arterielle Hypoxiebedingungen (BARCROFT et al., 1923; KEYS et al., 1936; ASTE-SALAZAR u. HURTADO, 1944; THEWS, 1965; LENFANT et al., 1968, 1969; EATON et al., 1969; OSKI et al., 1969, 1970) sowie bei einer Reihe weiterer Erkrankungen, unter denen Anämien im Vordergrund stehen (zusammenfassende Darstellungen: RIEGEL u. BARTELS, 1963; MULHAUSEN et al., 1967; GROTE, 1969).

Für die Verminderung der O_2-Affinität des Blutes bei verschiedenen physiologischen und pathologischen Zuständen, die mit einer arteriellen Hypoxie oder einer Hypoxämie einhergehen, wird vorrangig der Konzentrationsanstieg verschiedener organischer Phosphorverbindungen, unter denen das 2,3 DPG und das ATP im Vordergrund stehen, und die Wirkung dieser Verbindungen auf die Sauerstoffbindung des Hämoglobins verantwortlich gemacht (LENFANT et al., 1968, 1969; BARNIKOL u. THEWS, 1969; EATON et al., 1969; OSKI et al., 1969, 1970).

Die zu beobachtenden Verlagerungen der Sauerstoffbindungskurve des Blutes können in vielen Fällen als Anpassung des Organismus an veränderte Bedingungen für den Gasaustausch und den Transport der Atemgase im Blut gedeutet werden, wenn man als Ziel dieser O_2-Affinitätsänderungen eine Verbesserung der Sauerstoffversorgung der Organe annimmt.

Da die individuelle Schwankungsbreite des Verlaufes der O_2-Bindungskurven von Blutproben gesunder Erwachsener, die unter gleichen Temperaturbedingungen und bei normalem Säure-Basen-Status aufgenommen wurden, gering ist (BARTELS et al., 1961; NAERAA, 1964; ASTRUP et al., 1965; GROTE, 1969; SCHMIDT u. HEUSER, 1969; LENFANT et al., 1969), war es möglich, für die Temperaturen 37 bzw. 38° C und den pH-Wert 7,4 Standard-O_2-Bindungskurven des menschlichen Blutes anzugeben (BARTELS et al., 1961; ASTRUP et al., 1965; SEVERINGHAUS, 1966). Die Standard-O_2-Bindungskurven bilden die Grundlage für die Untersuchung des Ablaufes und der Kinetik der Hämoglobin-Sauerstoff-Reaktion im Blut und dienen als Vergleichsmaßstab für die Beurteilung von O_2-Affinitätsänderungen im Verlaufe von Erkrankungen wie während physiologischer Anpassungsvorgänge an veränderte Umweltbedingungen.

Genaue Untersuchungen des Gasaustausches im Organismus und seiner Beeinflussung durch die Wechselbeziehungen zwischen der O_2- und CO_2-Bindung im Blut erfordern in erster Linie die Kenntnis des Verlaufes der CO_2-abhängigen O_2-Bindungskurvenschar (GROTE, 1968).

Für das menschliche Blut sind derartige O_2-Bindungskurven für die Bedingungen bei normaler Körpertemperatur lediglich durch eine ältere Untersuchung, die außerdem nur an einer Versuchsperson durchgeführt wurde, bekannt (HENDERSON, 1928). Für Hypothermiebedingungen, die in der ärztlichen Praxis eine zunehmende größere Bedeutung gewinnen, und für Hyperthermiebedingungen lagen bisher keine Untersuchungsergebnisse vor.

Aus diesem Grunde wurde unter den Temperaturbedingungen von 28, 32, 37 und 40° C sowie bei den CO_2-Drucken 30, 40 und 50 mmHg die Sauerstoffbindungskurven des Blutes von insgesamt 36 Erwachsenen — Alter zwischen 18 und 32 Jahren — beider Geschlechter in modifizierter Form nach der Methode von NIESEL u. THEWS (1961) bestimmt (GROTE, 1968). Unter den Versuchspersonen befanden sich nur 5 mäßige Raucher; starke Raucher wurden von den Untersuchungen ausgeschlossen (ASTRUP et al., 1966; MULHAUSEN et al., 1967).

Das angewandte Verfahren gestattet es, im Gegensatz zu allen anderen Untersuchungsmethoden der O_2-Affinität des Blutes, die Sauerstoffbindungskurven bei konstanten Temperaturbedingungen und konstanten CO_2-Drucken im Bereich zwischen 10 und 90% O_2-Sättigung des Hämoglobins direkt aufzunehmen.

Für jede der insgesamt 12 Untersuchungsreihen wurden Blutproben von 12 – 15 Versuchspersonen analysiert. Im Einzelfall konnten von jeder Blutprobe 3 – 6 Sauerstoffbindungskurven bestimmt werden. Die Mittelwertskurve wurde für die weitere Auswertung der Untersuchungsergebnisse herangezogen. Die Gesamtzahl der unter verschiedenen Temperatur- und CO_2-Druckbedingungen aufgenommenen Sauerstoffbindungskurven betrug etwa 650.

b) P_{CO_2}-pH-Beziehungen im normalen menschlichen Blut

Um einen Einblick in das CO_2-Bindungsverhalten des menschlichen Blutes zu gewinnen (s. v. MENGDEN et al., 1971), wurde parallel zur Bestimmung der Sauerstoffbindungskurve des Blutes nach der Mikro-Methode von ASTRUP (1956, 1960) bei den vorgegebenen Temperaturen die Abhängigkeit zwischen dem pH-Wert des Plasmas und dem CO_2-Druck bei unterschiedlicher Sauerstoffsättigung des Hämoglobins untersucht. Die Blutproben wurden in Laue-Tonometern (1951) und in wenigen Fällen im Astrup-Tonometer (1960) mit wasserdampf-gesättigten Gasgemischen bekannter CO_2-Drucke äquilibriert. Der zugehörige pH-Wert im Plasma konnte mit Hilfe der Astrup-Mikro-Ausrüstung (AME 1, Radiometer Kopenhagen) nach Eichung der Meßanordnung mit Standardphosphatpuffern nach SÖRENSEN bzw. nach "The National Bureau of Standards" (BATES, 1962) direkt elektrometrisch in den Blutproben gemessen werden. Die unterschiedlichen O_2-Sättigungsgrade des Hämoglobins wurde durch entsprechende Variation des O_2-Anteiles im Äquilibriergasgemisch in den einzelnen Blutproben eingestellt.

Im Blut jedes einzelnen Probanden wurde der pH-Wert bei mindestens vier verschiedenen O_2-Sättigungszuständen des Hämoglobins (0 und 100 % S_{O_2} sowie ca. 20, 40, 60 und 80 % S_{O_2}) und jeweils drei verschiedenen CO_2-Drucken (25 – 65 mmHg) ermittelt. Die Messungen wurden bei den Temperaturen 28, 32, 37 und 40° C durchgeführt. Der Hämoglobingehalt der Blutproben war normal, im Mittel 15,5 g-%, die Pufferbasenkonzentrationen lagen im Bereich der physiologischen Schwankungsbreite (s. v. MENGDEN et al., 1971). Das CO_2- und das O_2-Bindungsverhalten des Blutes wurde an Blutproben derselben Versuchspersonen untersucht. Insgesamt konnten etwa 250 Blutproben in 2500 Einzelmessungen analysiert werden.

Berücksichtigt für die weitere Auswertung der Meßwerte wurde jeweils der mittlere pH-Wert, der sich aus 6 – 12 Einzelmessungen in einer Blutprobe, die bei konstanten Bedingungen für den CO_2-Druck, die O_2-Sättigung des Hämoglobins und die Temperatur durchgeführt wurden, ergab. Da im menschlichen Blut unter der Voraussetzung einer gleichbleibenden O_2-Sättigung eine annähernd lineare Beziehung zwischen dem pH-Wert und dem $\log P_{CO_2}$ besteht (PETERS, 1923; ASTRUP et al., 1960), wurden die bestimmten pH-P_{CO_2}-Wertepaare in eine graphische Darstellung mit den Koordinaten $x = pH$, $y = \log P_{CO_2}$ eingetragen und die ermittelten Punkte durch eine Gerade verbunden.

Wir erhielten auf diese Weise für die verschiedenen untersuchten Temperaturbedingungen eine Schar O_2-sättigungsabhängiger pH-$\log P_{CO_2}$-Geraden. Diese geben für einen weiten Bereich die Wechselbeziehungen zwischen dem CO_2-Druck und pH-Wert des Blutes an und ermöglichen einen Einblick in das CO_2-Bindungsverhalten des normalen menschlichen Blutes und seine Beeinflussung durch die Sauerstoffsättigung des Hämoglobins (Haldane-Effekt, vgl. CHRISTIANSEN, DOUGLAS u. HALDANE, 1914).

c) Konstruktion von Atemgas-pH-Nomogrammen
für das menschliche Blut

Die registrierten O_2-Bindungskurven und die ermittelten pH-logP_{CO_2}-Geradenscharen ermöglichten es, die bestimmte wechselseitige Abhängigkeit zwischen der Sauerstoff- und Kohlendioxydbindung im normalen menschlichen Blut in Form Cartesianischer Nomogramme übersichtlich wiederzugeben (Nr. 19 bis 22). Die Cartesianischen Nomogramme stellen für konstante Temperaturbedingungen die Wechselbeziehungen zwischen den vier Meßgrößen P_{O_2}, S_{O_2}, P_{CO_2} und pH graphisch dar. Diese Form der Darstellung wurde bereits 1928 von HENDERSON für die Wiedergabe der Beziehungen zwischen den verschiedenen Atemgasgrößen im Blut gewählt.

Die Cartesianischen Nomogramme dienten als Grundlage für die Konstruktion von Leiternomogrammen (Nr. 23 bis 26). Ihr Vorteil gegenüber den Cartesianischen Nomogrammen besteht darin, daß sie unmittelbar einen guten Überblick über eine bestimmte Situation für den Gaswechsel im Blut zulassen. Sind zwei der das O_2- und CO_2-Bindungsverhalten des Blutes charakterisierenden Größen bekannt, so können die zu erwartenden Daten für die weiteren untersuchten Größen dem Nomogramm direkt entnommen werden. Jede Gerade, die durch zwei auf verschiedenen Leitern befindliche Punkte gelegt wird, schneidet die übrigen so, daß an den Schnittpunkten die zugehörigen Werte für die O_2- und CO_2-Bindung im normalen Blut unmittelbar abgelesen werden können.

Die Leiternomogramme wurden durch eine Skala für den CO_2-Gehalt des Blutes erweitert. Diese Daten konnten den Untersuchungsergebnissen von BARTELS u. HARMS (1961) für die vorgegebenen Temperaturbedingungen mit hinreichender Genauigkeit entnommen werden.

Wieweit können die O_2-CO_2-Nomogramme, die sich auf die Ergebnisse von in vitro-Messungen gründen, die in vivo zu beobachtenden Beziehungen zwischen den Atemgasgrößen richtig wiedergeben? Die in vitro bestimmten Sauerstoffbindungskurven des menschlichen Blutes entsprechen in vivo-Sauerstoffbindungskurven, die aus direkt in anaerob entnommenen Blutproben gemessenen Werten für die einzelnen Atemgasgrößen konstruiert wurden (zusammenfassende Darstellung: GROTE, 1968). Sie können somit für die Beurteilung des O_2-Transportes im Blut und des O_2-Austausches in der Lunge und den Organen herangezogen und zur Grundlage für die Konstruktion von Atemgasnomogrammen gemacht werden.

Die in vitro gemessenen P_{CO_2}-pH-Wertepaare stimmen nicht vollständig überein mit Werten, die sich im Körper unter vergleichbaren

Bedingungen einstellen (SHAW u. MESSER, 1932; CUNNINGHAM et al., 1961; SIGGAARD-ANDERSEN, 1962; SCHWARTZ et al., 1964; WINTERS, 1965; BROWN u. CLANCY, 1965; BRACKETT et al., 1965; MICHEL et al., 1966, PRYS-ROBERTS et al., 1966; ROOS u. THOMAS, 1967, zusammenfassende Darstellung: GROTE, 1968). Im Bereich zwischen 25 und 60 mmHg P_{CO_2} sind die Unterschiede der P_{CO_2}-pH-Beziehungen unter in vitro- und in vivo-Bedingungen gering. Die in vitro bestimmte Abhängigkeit zwischen dem pH-Werte und dem CO_2-Druck des Blutes kann damit innerhalb des genannten CO_2-Druckbereiches als Grundlage für die Konstruktion der O_2-CO_2-Nomogramme benutzt werden.

Die Gültigkeit der gemachten Voraussetzungen konnte durch Vergleichsuntersuchungen bei 37° C und in einigen Fällen bei 28° C überprüft und bestätigt werden. 15 Versuchspersonen wurden unter verschiedenen Belastungsbedingungen Blutproben entnommen, deren P_{O_2}-, P_{CO_2}- und pH-Wert polarographisch bestimmt wurden. Mit Hilfe der gemessenen P_{O_2}-pH- oder P_{CO_2}-P_{O_2}-Wertepaare wurden die Daten für die jeweils dritte Größe aus den Nomogrammen ermittelt und mit den Meßwerten verglichen. Es ergab sich eine sehr gute Übereinstimmung. Diese war gleichfalls vorhanden bei der Abschätzung der P_{O_2}-Werte nach Vorgabe der pH- und P_{CO_2}-Werte.

Nr. 10, 11, 12 und 13

O₂-Bindungskurven des Blutes in Abhängigkeit vom CO₂-Druck für die Temperaturen 28° C, 32° C, 37° C und 40° C

Anwendungsmöglichkeiten

Es sind die P_{CO_2}-abhängigen O_2-Bindungskurven des normalen Blutes in der üblichen Darstellungsweise für die Temperaturen 28° C, 32° C, 37° C und 40° C wiedergegeben (Abszisse: O_2-Druck, P_{O_2} [mmHg], Ordinate: O_2-Sättigung des Hämoglobins, S_{O_2} [%]). Die Kurven können zur Beurteilung des O_2-Transportes im Blut und des O_2-Austausches in der Lunge und in den Organen sowie der Beeinflussung beider Vorgänge durch den CO_2-Druck im Blut für die Bedingungen bei Normothermie, Hypothermie und Hyperthermie herangezogen werden.

Unter den gewählten Temperaturen ergab sich für die Abhängigkeit der O_2-Affinität des normalen menschlichen Blutes vom CO_2-Druck im Bereich zwischen 30 und 50 mmHg die Beziehung:

$$\Delta \log P_{O_2} = 0,0045 \Delta P_{CO_2}. \tag{1}$$

Innerhalb des angegebenen CO_2-Druckbereiches beschreibt die Gleichung die Beeinflussung des Verlaufes der O_2-Bindungskurve durch den CO_2-Druck des Blutes recht genau und ermöglicht damit Umrechnungen der P_{O_2}-Werte für verschiedene CO_2-Druckbedingungen.

Voraussetzung für die Anwendung

Die dargestellten O_2-Bindungskurven gelten für das normale Blut von Personen, die älter als 15 Jahre sind. Der Hämoglobingehalt des Blutes muß im Bereich zwischen 13,5 und 17 g-% liegen, die Pufferbasenkonzentration darf den normalen Schwankungsbereich (BE = ± 2,5 mÄq/l) nicht überschreiten.

Aufnahmebedingungen und Grenzen der Anwendung

Die dargestellten O_2-Bindungskurven wurden bei den Temperaturen 28° C, 32° C, 37° C und 40° C und den CO_2-Drucken 30, 40 und 50 mmHg nach dem Verfahren von Niesel u. Thews (1961) im Bereich zwischen 10 und 90% S_{O_2} direkt bestimmt (Grote, 1968). Sie gelten für das normale Blut Erwachsener. Der mittlere Hämoglobingehalt der Blutproben betrug 15,5 g-%. Jede wiedergegebene O_2-Bindungskurve ist eine Mittelwertskurve, die sich aus den Ergebnissen der Untersuchungen von 10 – 15 Versuchspersonen ergab.

Genauigkeit

Eine genaue Aufzeichnung der O_2-Bindungskurve ist mit der verwendeten Methode unter konstanten Bedingungen für die Temperatur und den CO_2-Druck im Bereich zwischen 10 und 90% S_{O_2} möglich. Der Verlauf der O_2-Bindungskurve unterhalb und oberhalb dieser O_2-Sättigungswerte kann weniger genau angegeben werden.

Die Standardabweichungen des Halbsättigungsdruckes P_{50} bei einem CO_2-Druck von 40 mmHg und den Temperaturen 28° C, 32° C, 37° C und 40° C betragen $\pm 0,45$ mmHg, $\pm 0,8$ mmHg, $\pm 1,6$ mmHg und $\pm 1,45$ mmHg. Die Standardabweichung des konstanten Faktors 0,0045 in Gl. (1) beträgt $\pm 0,0003$.

Nr. 10

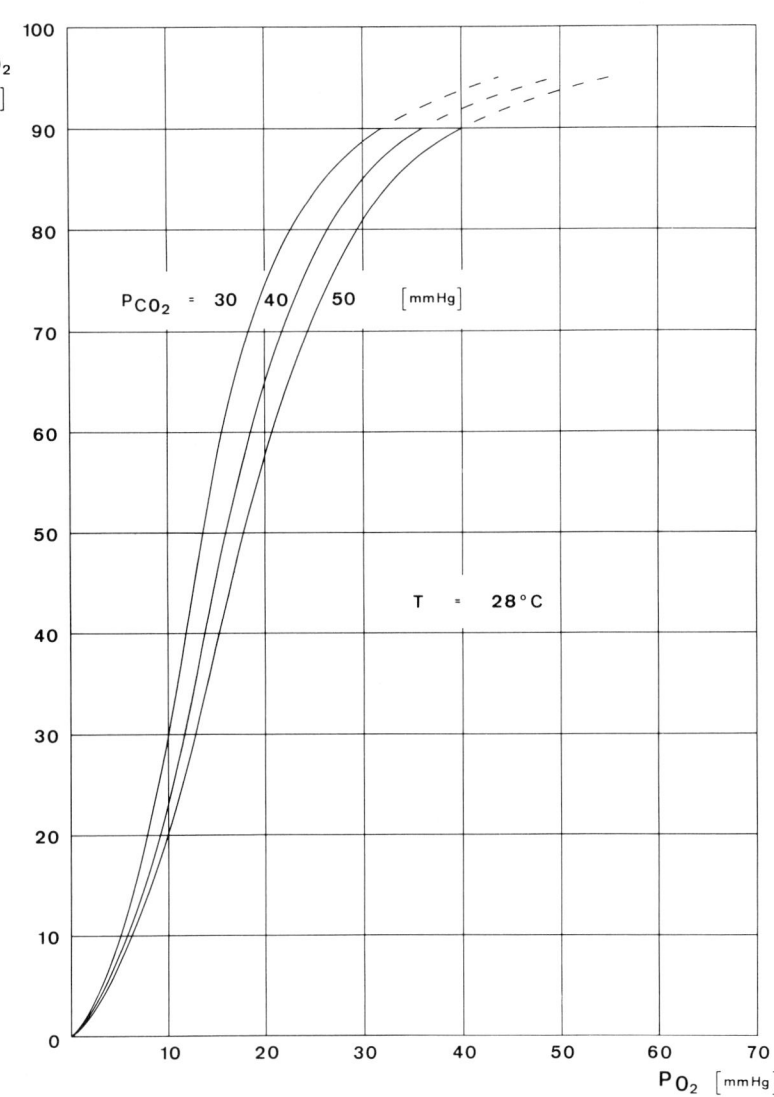

Nr. 11

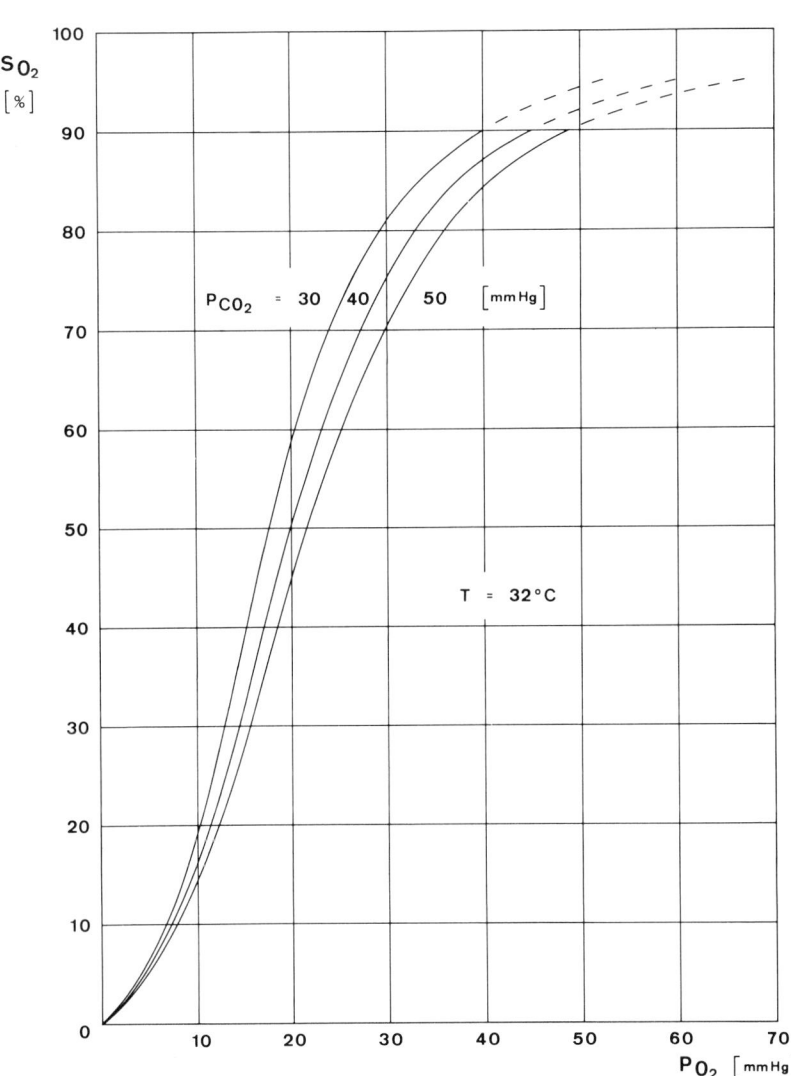

Nr. 12

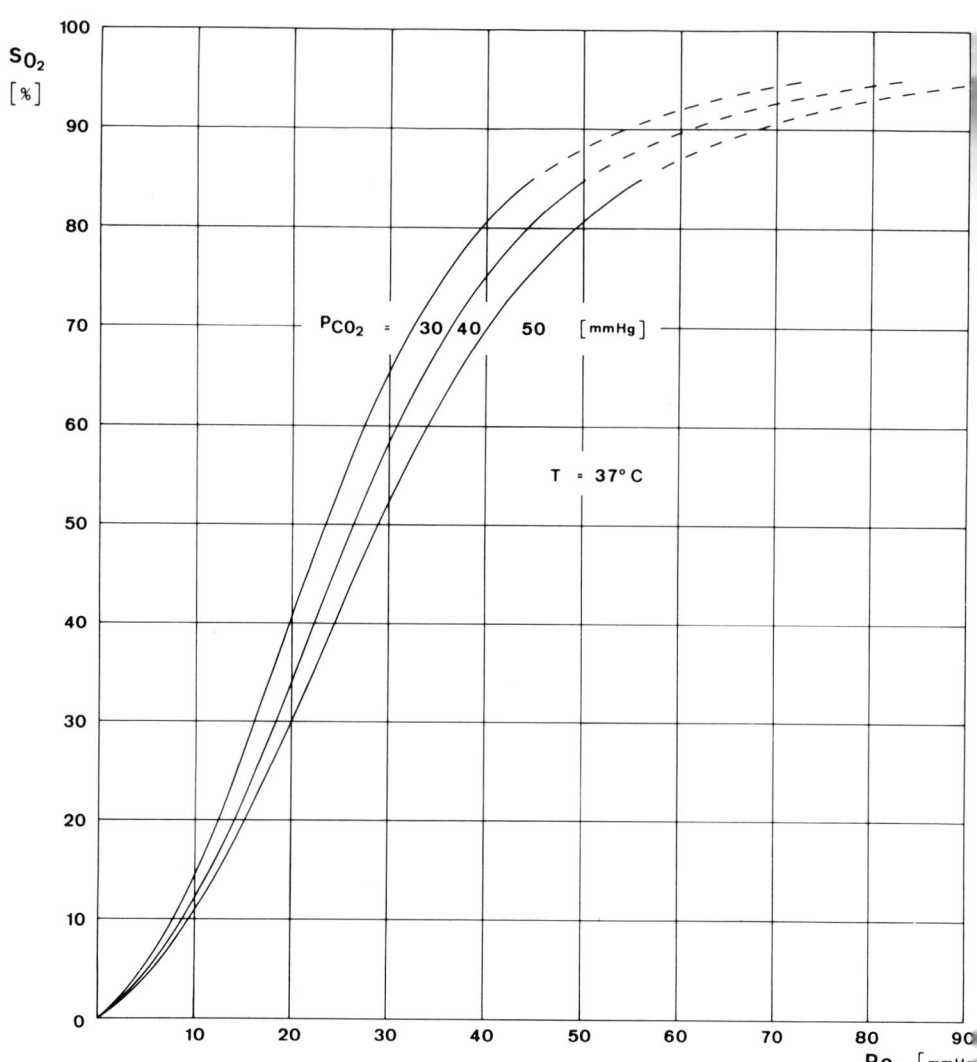

Nr. 13

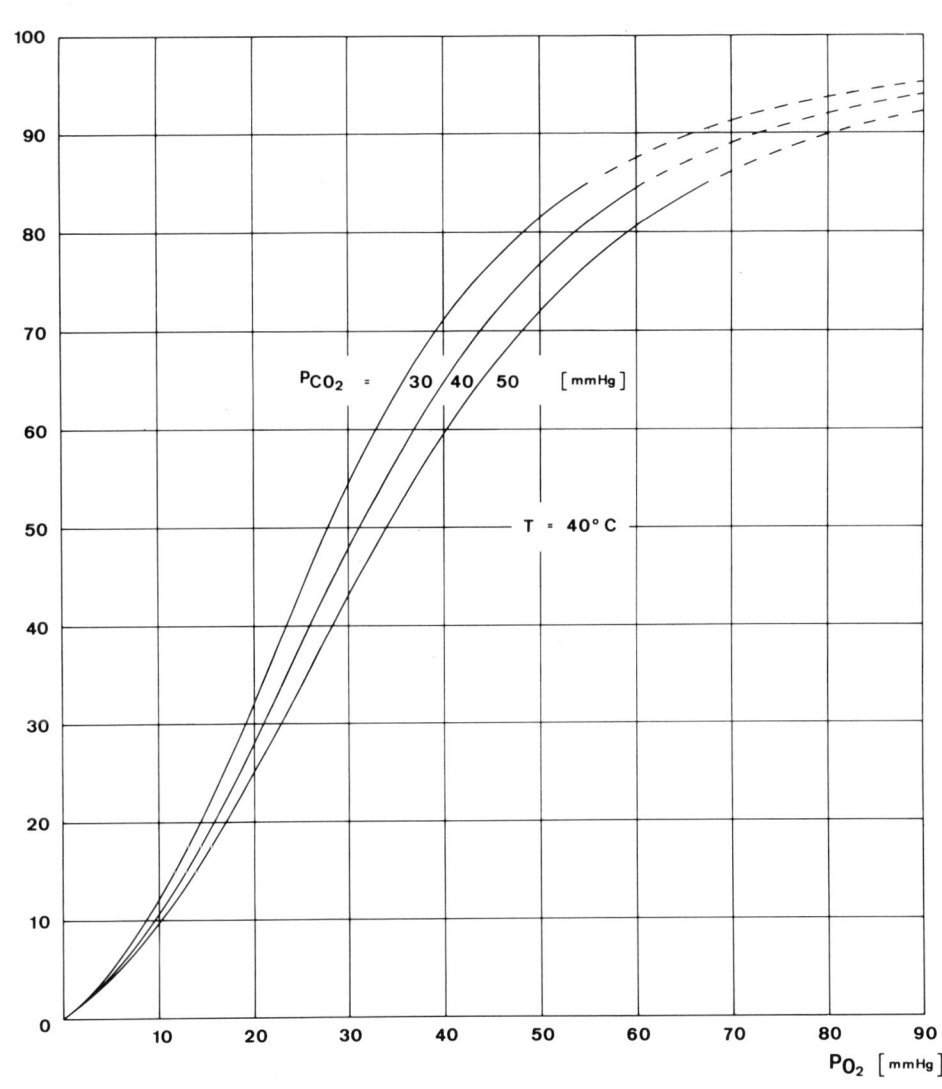

P_{CO_2} = 30 40 50 [mmHg]

T = 40° C

P_{O_2} [mmHg]

Nr. 14

O_2-Bindungskurven des Blutes in Abhängigkeit von der Temperatur bei $P_{CO_2} = 40$ mmHg

Anwendungsmöglichkeiten

Es sind die O_2-Bindungskurven des normalen Blutes Erwachsener, die bei den Temperaturen 28° C, 32° C, 37° C und 40° C und dem CO_2-Druck von 40 mmHg direkt aufgenommen wurden, in üblicher Darstellung wiedergegeben (Abszisse: O_2-Druck, P_{O_2} [mmHg], Ordinate: O_2-Sättigung des Hämoglobins, S_{O_2} [%]). Die Kurven können für die Beurteilung des O_2-Transportes im Blut und des O_2-Austausches in der Lunge und in den Organen und die Beeinflussung beider Vorgänge durch Temperaturänderungen herangezogen werden.

Nach den Meßergebnissen kann für konstante CO_2-Druckbedingungen ($P_{CO_2} = 30$ bis 50 mmHg) die temperaturbedingte Änderung der O_2-Affinität des normalen Blutes im Temperaturbereich zwischen 28 und 40° C durch die Gleichung

$$\Delta \log P_{O_2} = 0{,}0242 \, \Delta T \tag{2}$$

angegeben werden. Die Beziehung ermöglicht es, die bei einer Temperaturänderung als Folge der Verschiebung der O_2-Bindungskurve zu erwartende Änderung des O_2-Druckes im Blut zu errechnen.

Sie entspricht sehr genau der von SEVERINGHAUS (1966) angegebenen Temperaturabhängigkeit des O_2-Druckes im Blut bei konstantem pH-Wert.

$$\Delta \log P_{O_2} = 0{,}024 \, \Delta T \quad \text{(SEVERINGHAUS, 1966)}. \tag{3}$$

Voraussetzung für die Anwendung

Siehe Legende zu Nr. 10, 11, 12 und 13.

Aufnahmebedingungen und Grenzen der Anwendung

Siehe Legende zu Nr. 10, 11, 12 und 13.

Genauigkeit

Standardabweichungen der O_2-Bindungskurven s. Legende zu Nr. 10, 11, 12 und 13. Die Standardabweichung des konstanten Faktors 0,0242 in Gl. (2) beträgt $\pm 0{,}0006$.

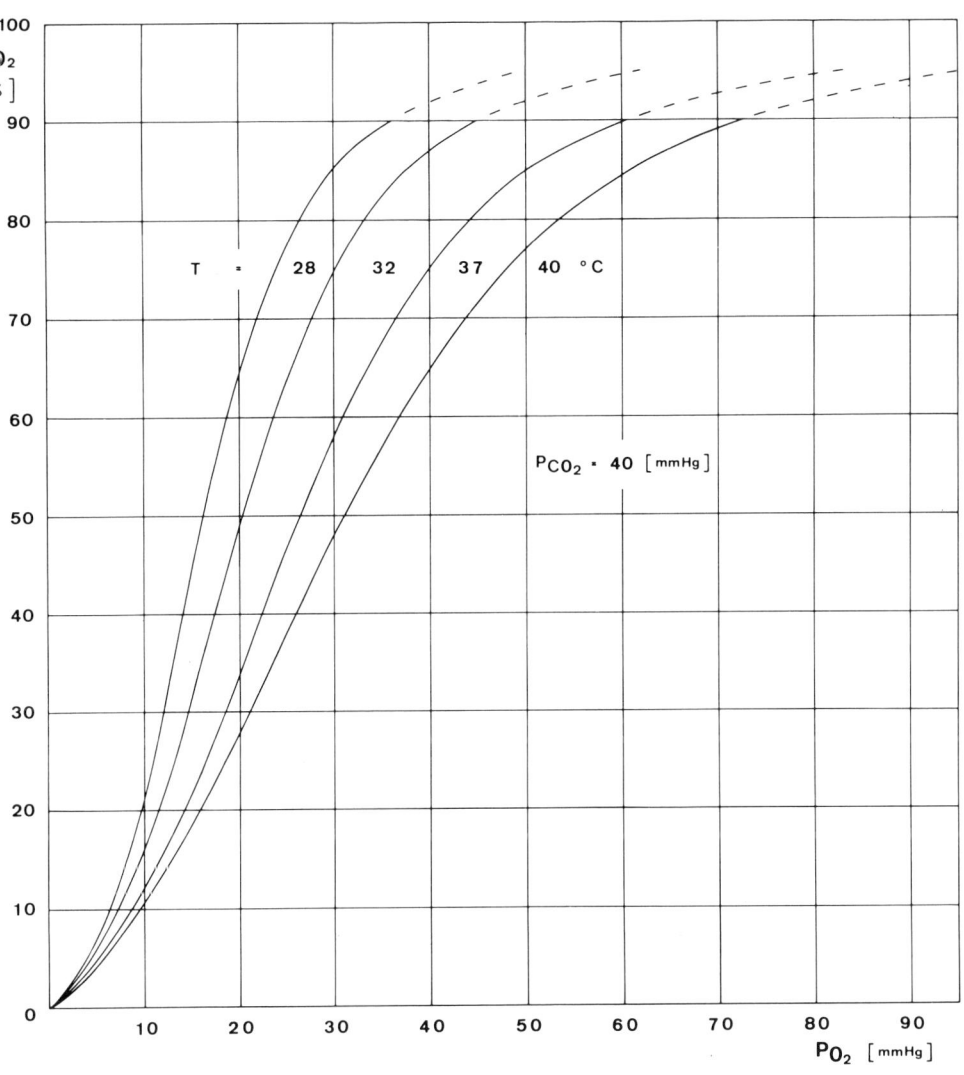

Nr. 15, 16, 17 und 18

P_{CO_2}-pH-Beziehungen in Abhängigkeit von der O_2-Sättigung des Blutes bei den Temperaturen 28° C, 32° C, 37° C und 40° C

Anwendungsmöglichkeiten

Die Diagramme stellen die P_{CO_2}-pH-Beziehungen im normalen Blut Erwachsener bei den O_2-Sättigungsgraden 0, 20, 40, 60, 80 und 100%S_{O_2} für die Temperaturen 28° C, 32° C, 37° C und 40° C dar (Abszisse: pH-Wert, Ordinate: CO_2-Druck, P_{CO_2} [mmHg]). Die für Hypothermie-, Normothermie- und Hyperthermiebedingungen angegebenen Scharen der O_2-sättigungsabhängigen pH-logP_{CO_2}-Geraden ermöglichen eine Beurteilung des CO_2-Transportes und des Säure-Basen-Status im normalen Blut sowie des Gaswechsels in der Lunge und in den Organen bei den vorgegebenen Temperaturen.

Voraussetzung für die Anwendung

Die angegebenen P_{CO_2}-pH-Beziehungen gelten für das normale Blut von Personen, die älter als 15 Jahre sind. Der Hämoglobingehalt des Blutes muß im Bereich zwischen 13,5 und 17 g-% liegen, die Pufferbasenkonzentration darf die normale Schwankungsbreite (BE $= \pm 2,5$ mÄq/l) nicht überschreiten.

Aufnahmebedingungen und Grenzen der Anwendung

Die einzelnen P_{CO_2}-pH-Wertepaare, die den dargestellten Geradenscharen zugrunde liegen, wurden nach dem Mikro-Astrup-Verfahren (1956, 1960) in Blutproben gesunder Erwachsener nach Äquilibrierung mit Gasgemischen unterschiedlichen O_2- und CO_2-Gehaltes bestimmt. Die bei den verschiedenen O_2-Sättigungswerten des Blutes ermittelten pH-logP_{CO_2}-Geraden konvergieren mit steigenden CO_2-Drucken. Die Geraden für niedere O_2-Sättigungsbedingungen ordnen sich linear zwischen den pH-logP_{CO_2}-Geraden für 0 und 100% S_{O_2} ein. Die Temperaturabhängigkeit der P_{CO_2}-pH-Beziehungen des normalen Blutes ist im untersuchten Temperaturbereich gering. Die unter in vitro-Bedingungen ermittelten P_{CO_2}-pH-Beziehungen können die sich in vivo einstellenden Verhältnisse nur bis zu einem CO_2-Druck von 60 bis 65 mmHg hinreichend genau wiedergeben. Die Untersuchungen wurden an etwa 250 Blutproben von 36 erwachsenen Versuchspersonen durchgeführt. Der mittlere Hämoglobingehalt der Blutproben betrug 15,5 g-%, die Pufferbasenkonzentrationen entsprachen der Norm.

Genauigkeit

Die absolute Genauigkeit der pH-Meßmethode betrug ± 0,006 pH-Einheiten und entsprach damit den Ergebnissen von SIGGAARD-ANDERSEN et al. (1960). Die Genauigkeit der Analysen der Äquilibriergasgemische nach der Mikro-Methode von SCHOLANDER (1947) betrug ± 0,015 Vol.-%.

Die Standardabweichungen der ermittelten pH-Werte lagen im Bereich zwischen 0 und ± 0,002 pH-Einheiten. Die größte Standardabweichung wurde bei den pH-Messungen in Blutproben mit einer O_2-Sättigung von 0% ermittelt. Sie ist zurückzuführen auf geringgradige Änderungen der O_2-Sättigung während der Überführung der Blutproben aus dem Tonometer in die Meßeinheit. Sie kann weiterhin hervorgerufen werden durch die Entstehung größerer Mengen saurer Metabolite im Blut bei längerem Äquilibrieren mit O_2-freien Gasgemischen.

Nr. 15

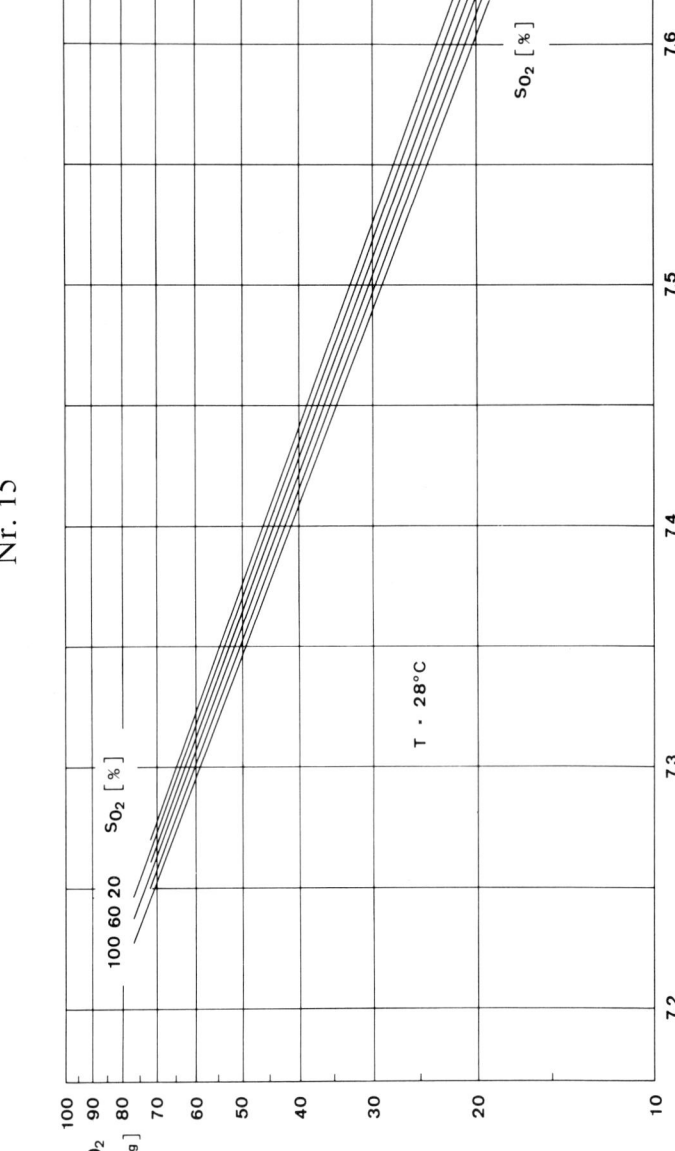

Nr. 16

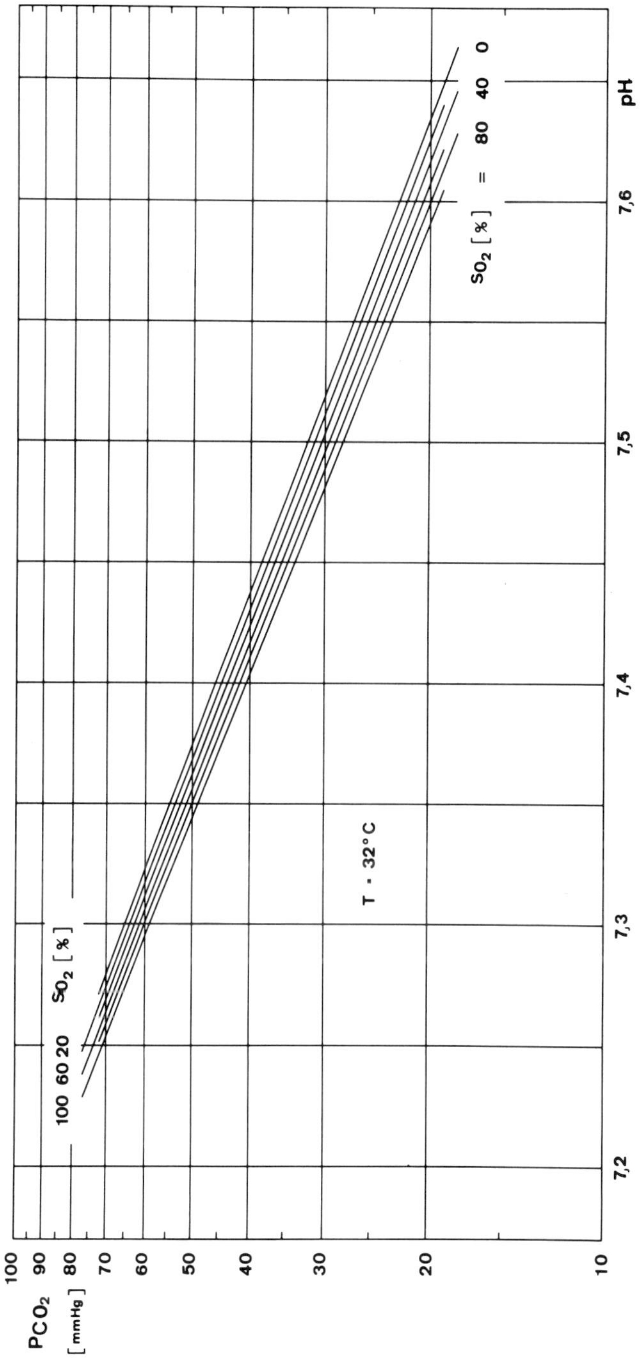

P_{CO_2} [mmHg]
100
90
80
70
60
50
40
30
20
10
pH
7,2
7,3
7,4
7,5
7,6
S_{O_2} [%] = 80 40 0
S_{O_2} [%]
100 60 20
T = 32° C

Nr. 17

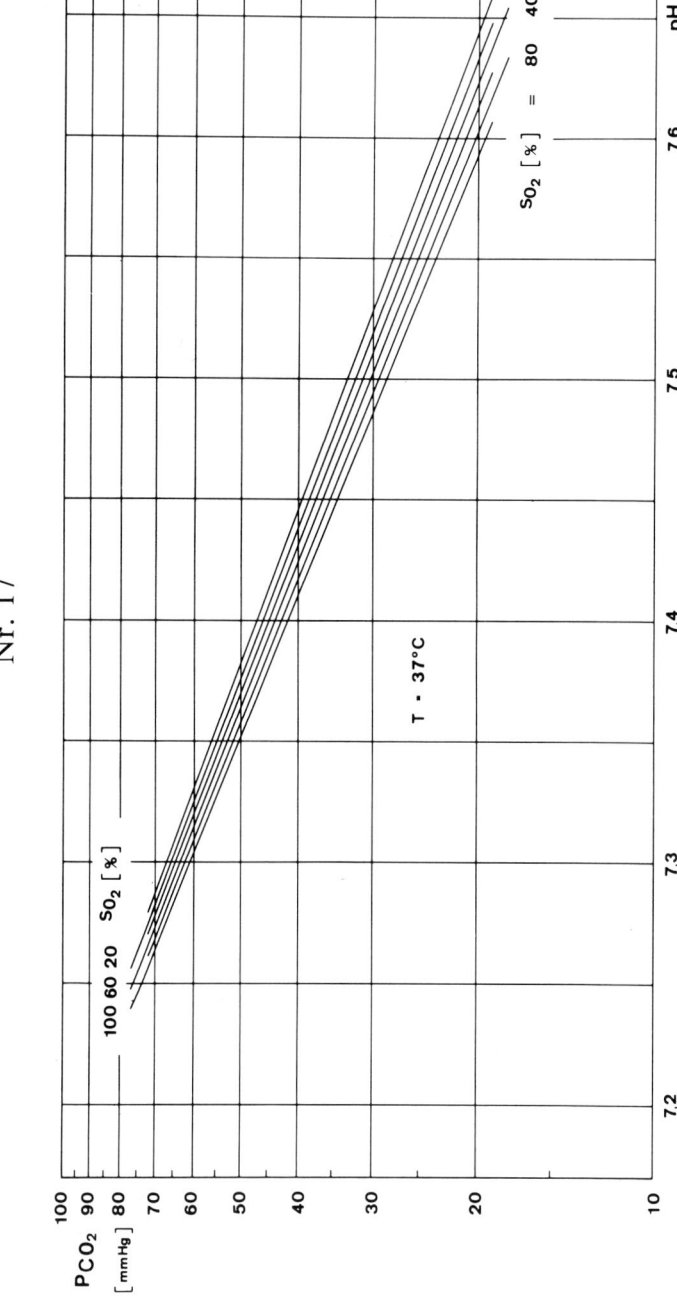

Nr. 18

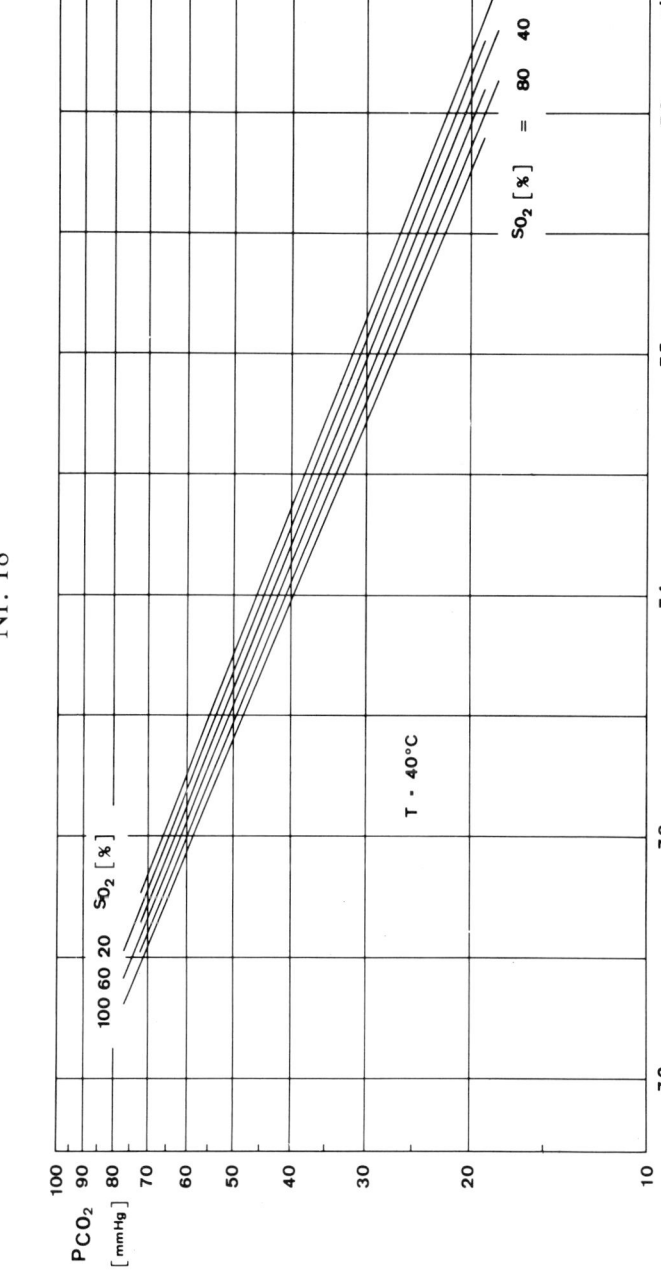

Nr. 19, 20, 21 und 22

Cartesianische Nomogramme für die wechselseitige Abhängigkeit von O_2-Druck, CO_2-Druck, O_2-Sättigung und pH im Blut bei den Temperaturen 28° C, 32° C, 37° C und 40° C

Anwendungsmöglichkeiten

Die für die Temperaturen 28° C, 32° C, 37° C und 40° C ermittelten Scharen CO_2-abhängiger O_2-Bindungskurven und O_2-sättigungsabhängiger pH-$\log P_{CO_2}$-Geraden des normalen Blutes Erwachsener bildeten die Grundlage für die Konstruktion von Cartesianischen Nomogrammen für die verschiedenen Atemgasgrößen im menschlichen Blut. (Abszisse: O_2-Druck, P_{O_2} [mmHg], Ordinate: CO_2-Druck, P_{CO_2} [mmHg], die pH-Werte und die O_2-Sättigungsgrade des Hämoglobins sind die Parameter zweier sich kreuzender Kurvenscharen.)

Die Nomogramme stellen unmittelbar die wechselseitige Abhängigkeit der Größen O_2-Druck, CO_2-Druck, O_2-Sättigung und pH-Wert im Blut dar und ermöglichen eine vollständige Beurteilung des Atemgastransportes im Blut und des Atemgaswechsels in der Lunge und in den Organen. Die Nomogramme gelten für Normothermiebedingungen sowie für Hypo- und Hyperthermiebedingungen.

Voraussetzungen für die Anwendung

Von den untersuchten und in ihrer Wechselbeziehung dargestellten Atemgasgrößen O_2-Druck, CO_2-Druck, O_2-Sättigung des Hämoglobins und pH-Wert müssen jeweils zwei genau bekannt sein. Die größte Ablesegenauigkeit ergibt sich, wenn je eine die CO_2- und O_2-Bindung des Blutes charakterisierende Größe gegeben ist. Der Hämoglobingehalt des Blutes der zu untersuchenden Personen muß im überprüften Bereich zwischen 13,5 und 17 g-% liegen, die Pufferbasenkonzentration sollte den normalen Schwankungsbereich von $BE = \pm 2,5$ mÄq/l nicht überschreiten. Es dürfen keine Veränderungen der normalen O_2-Affinität des Blutes vorliegen. Die Nomogramme können nur für eine Analyse der Atemgasgrößen im Blut von Personen herangezogen werden, die älter als etwa 15 Jahre sind.

Grenzen der Anwendung

Die Grenzen der Anwendung ergeben sich aus den Bedingungen, unter denen die zugrunde gelegten Daten ermittelt wurden, s. Legenden zu Nr. 10−13 und Nr. 15−18.

Genauigkeit

Die Genauigkeit der zugrunde liegenden Meßgrößen sind den Legenden von Nr. 10−13 und 15−18 zu entnehmen. Die Genauigkeit der Übertragung ist größer als die kleinste der angegebenen Einheiten.

Nr. 19

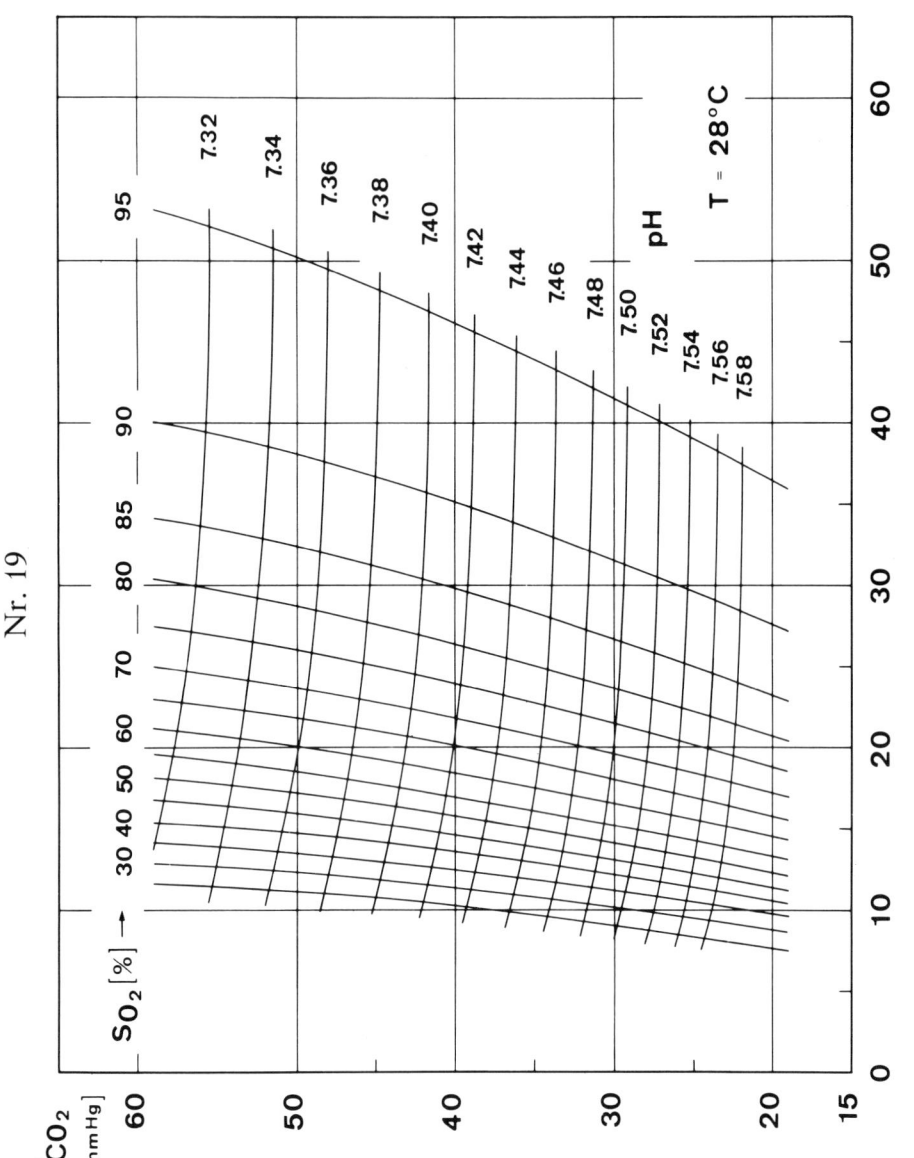

Nr. 20

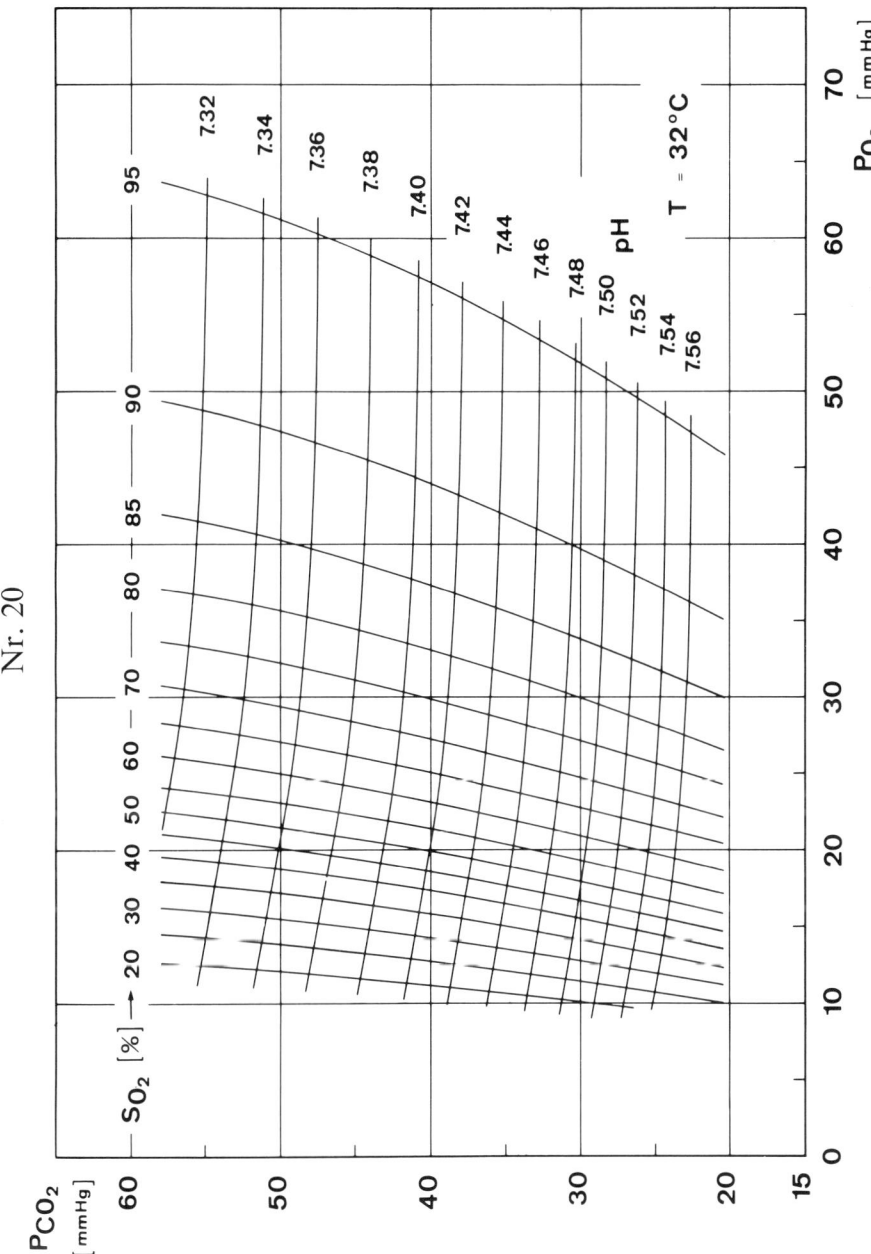

Nr. 21

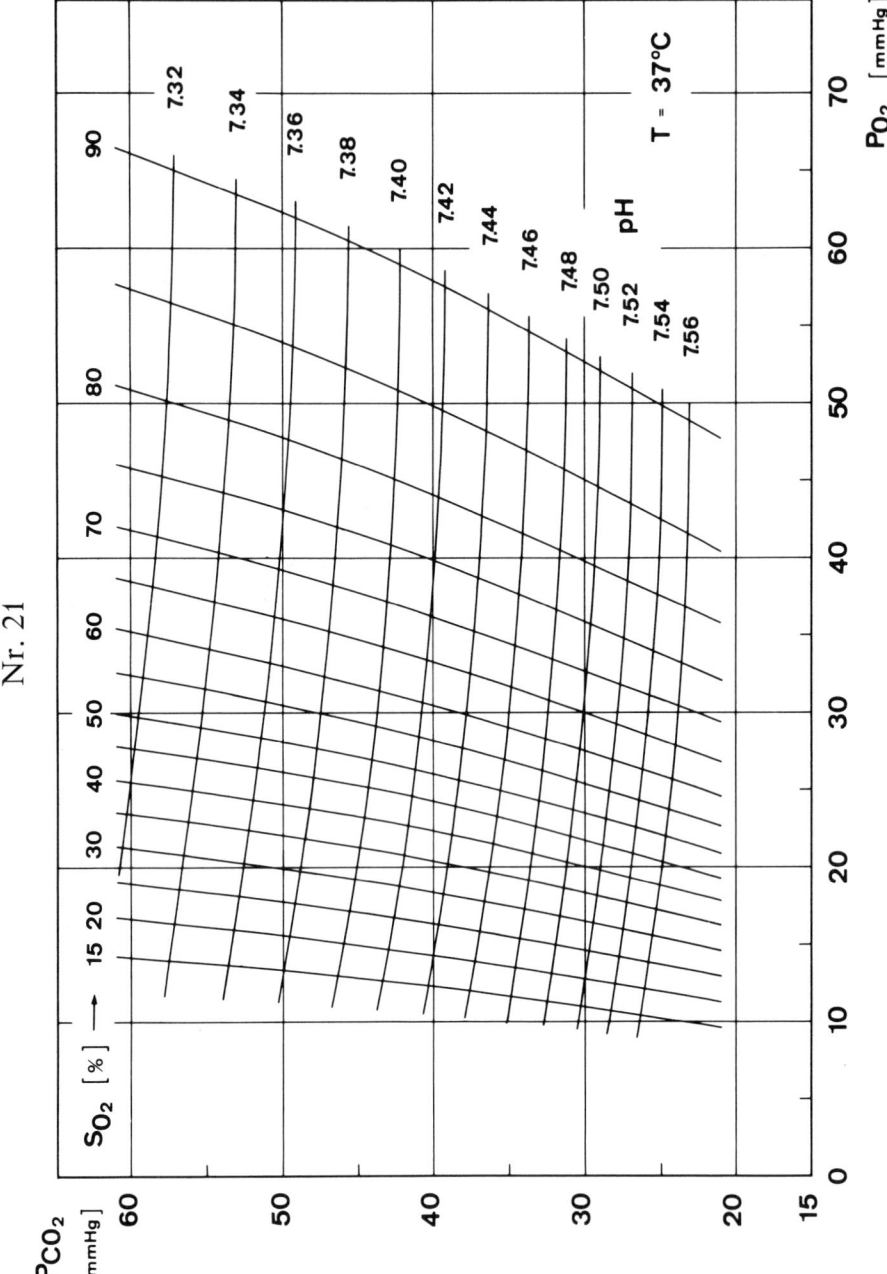

Nr. 22

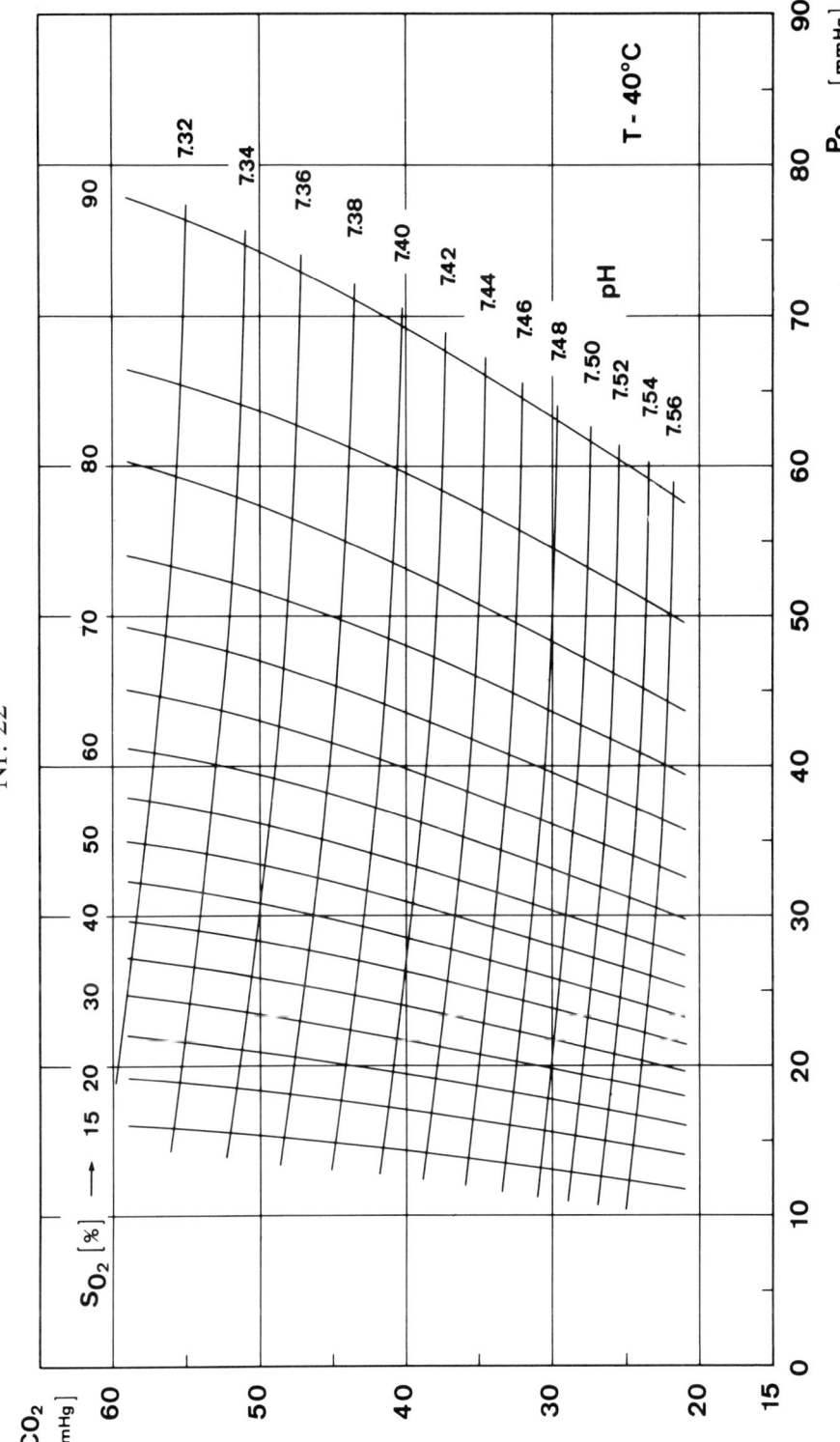

Nr. 23, 24, 25 und 26
Leiternomogramme für die Atemgasgrößen und den pH-Wert des Blutes bei 28° C, 32° C, 37° C und 40° C

Anwendungsmöglichkeiten

Aus den in Nr. 19 − 22 dargestellten Cartesianischen Nomogrammen für die Größen O_2-Druck, CO_2-Druck, O_2-Sättigung und pH-Wert im Blut wurden Leiternomogramme konstruiert, welche einen direkten Überblick über die wechselseitige Abhängigkeit der O_2- und CO_2-Bindung im Blut ermöglichen. Die Nomogramme wurden durch eine 5. Leiter für den CO_2-Gehalt des Blutes erweitert. Diese Daten konnten direkt übernommen und in die Nomogramme eingefügt werden, da sie nach den Untersuchungen von HARMS u. BARTELS (1961) für die vorgegebenen Temperaturen 28° C, 32° C, 37° C und 40° C hinreichend genau bekannt sind.

Die Leiternomogramme können als einfach anzuwendende Hilfsmittel für die Beurteilung der Transportfunktion des Blutes für die Atemgase und den Gasaustausch in der Lunge und den Organen unter den Bedingungen der Normothermie wie der Hyper- und Hypothermie dienen.

Voraussetzungen für die Anwendung

Von den in ihrer wechselseitigen Abhängigkeit dargestellten fünf Größen O_2-Druck, CO_2-Druck, O_2-Sättigung, CO_2-Gehalt und pH-Wert des Blutes müssen zwei genau bekannt sein. Die größte Ablesegenauigkeit ergibt sich, wenn je eine die O_2- und CO_2-Bindung des Blutes charakterisierende Größe bestimmt wird. Der Hämoglobingehalt des Blutes der zu untersuchenden Personen muß im geprüften Bereich zwischen 13,5 und 17 g-% liegen, die Pufferbasenkonzentration sollte den normalen Schwankungsbereich von BE = ± 2,5 mÄq/l nicht überschreiten.

Es dürfen keine Veränderungen der normalen O_2-Affinität des Blutes vorliegen. Die Nomogramme können nur für eine Analyse der Atemgasgroßen und des pH-Wertes im Blut von Personen herangezogen werden, die älter als 15 Jahre sind.

Grenzen der Anwendung

Die Grenzen der Anwendung ergeben sich aus den Bedingungen, unter denen die zugrunde gelegten Daten ermittelt wurden, s. Legenden zu Nr. 10 − 13 und 15 − 18.

Genauigkeit

Die Genauigkeit der zugrunde gelegten Meßgrößen sind den Legenden von Nr. 10 – 13 und 15 – 18 zu entnehmen. Die Genauigkeit der Übertragung ist größer als die kleinste angegebene Einheit.

Bei der Gegenüberstellung der von anderen Autoren bestimmter Sauerstoffbindungskurven des Blutes (BARTELS et al., 1961; ASTRUP et al., 1965; SEVERINGHAUS, 1966) und den Daten für die P_{CO_2}-pH-Abhängigkeit im Blut gesunder Versuchspersonen (SIGGAARD-ANDERSEN, 1962; v. MENGDEN et al., 1969) mit den für gleiche Bedingungen aus den Nomogrammen abgelesenen Werten ergibt sich eine gute Übereinstimmung.

Benutzung der Nomogramme

Sind von den fünf in ihrer Wechselbeziehung dargestellten Größen für eine Blutprobe die genauen Werte von zwei Größen bekannt, so können die zugehörigen Daten für die weiteren drei Größen direkt dem Nomogramm entnommen werden.

Wenn man die gemessenen Werte in die entsprechenden Leitern einträgt und die auf den Skalen aufgesuchten Punkte durch eine Gerade verbindet, dann können an den Schnittpunkten dieser Geraden mit den übrigen Leitern die gesuchten Werte unmittelbar abgelesen werden. Wurden z. B. bei 37° C in einer Blutprobe die Werte pH = 7,4 pH-Einheiten und S_{O_2} = 50% bestimmt, so können in dem Nomogramm für die Temperaturbedingungen bei 37° C für die gesuchten drei Größen die Werte P_{O_2} = 26,7 mmHg, P_{CO_2} = 44,2 mmHg und C_{CO_2} = 49 Vol.-% abgelesen werden. Bei der Auswahl der zu messenden Größen ist es zweckmäßig, sich für je eine aus der Gruppe P_{O_2} und S_{O_2} und aus der Gruppe P_{CO_2}, C_{CO_2} und pH zu entscheiden, da unter diesen Voraussetzungen die aus den Nomogrammen zu entnehmenden Werte mit großer Genauigkeit abgelesen werden können. Sind lediglich der CO$_2$-Druck und der pH-Wert oder die O$_2$-Sättigung und der O$_2$-Druck in einer Blutprobe bekannt, dann lassen sich die übrigen Daten für die verschiedenen Atemgasgrößen an Hand der Nomogramme nur näherungsweise ermitteln. Unter diesen Voraussetzungen ist die Zuverlässigkeit der einzelnen Datenangaben geringer, weil die Leitern für die vorgegebenen Größen eng benachbart sind und damit die durch ungenaue Bestimmung oder durch die individuelle Schwankungsbreite hervorgerufenen Abweichungen der Meßwerte von den Normwerten zu größeren Fehlern führen.

Nr. 23

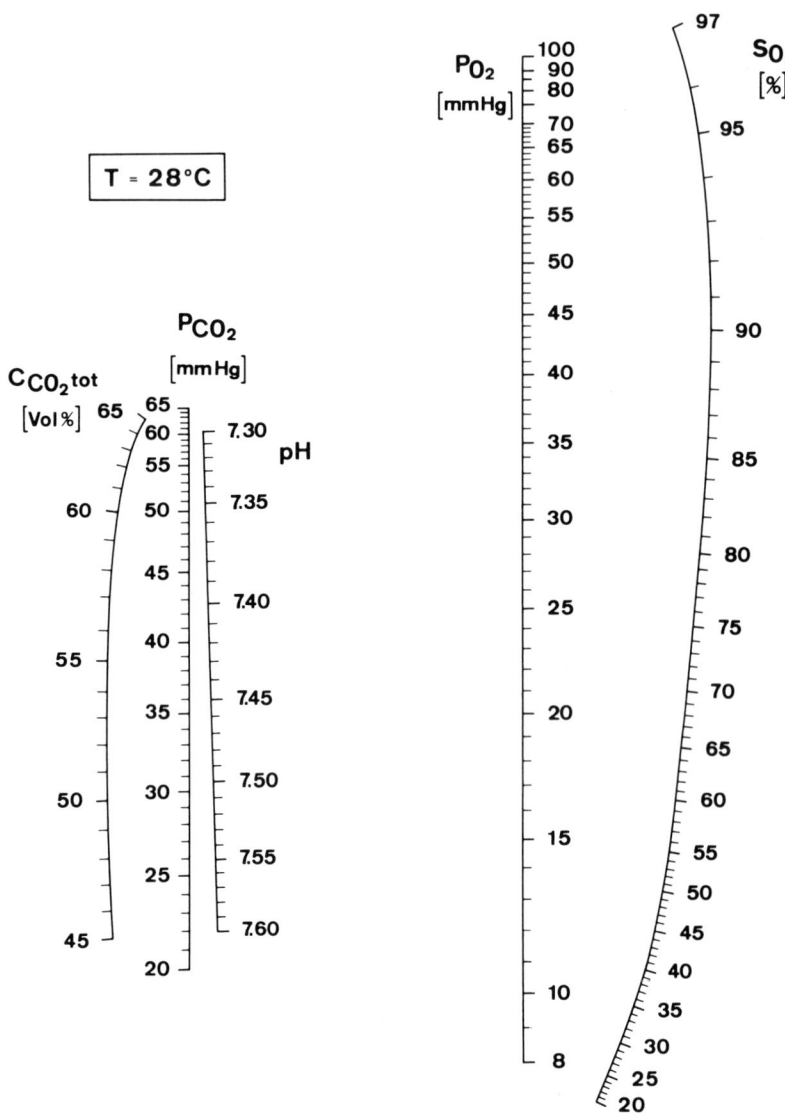

Nr. 24

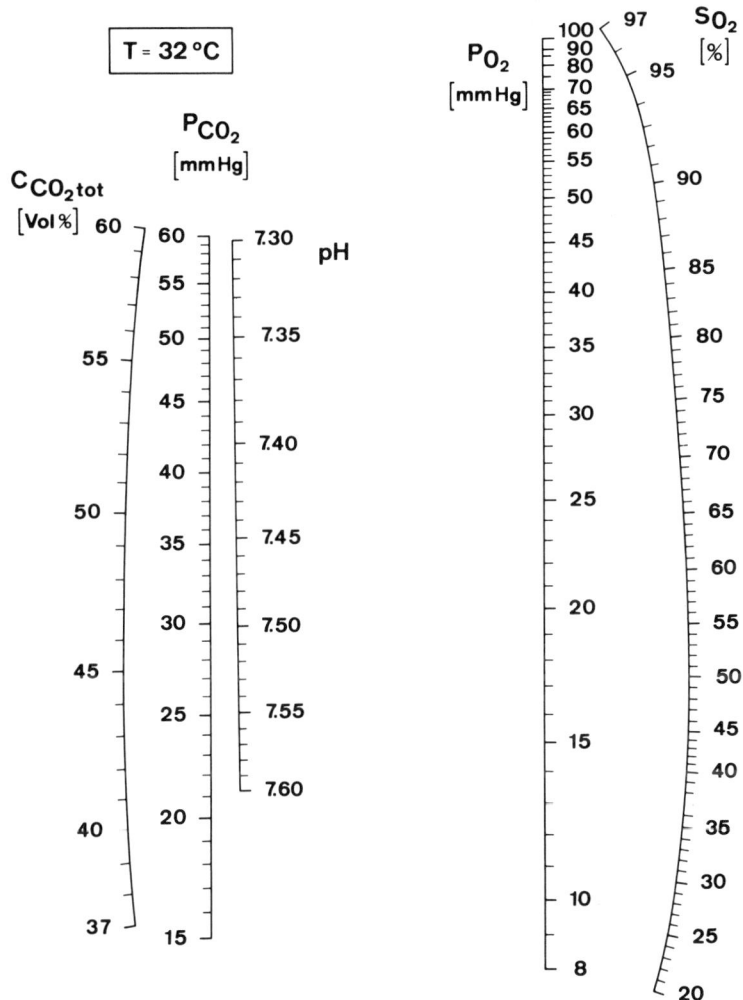

Nr. 25

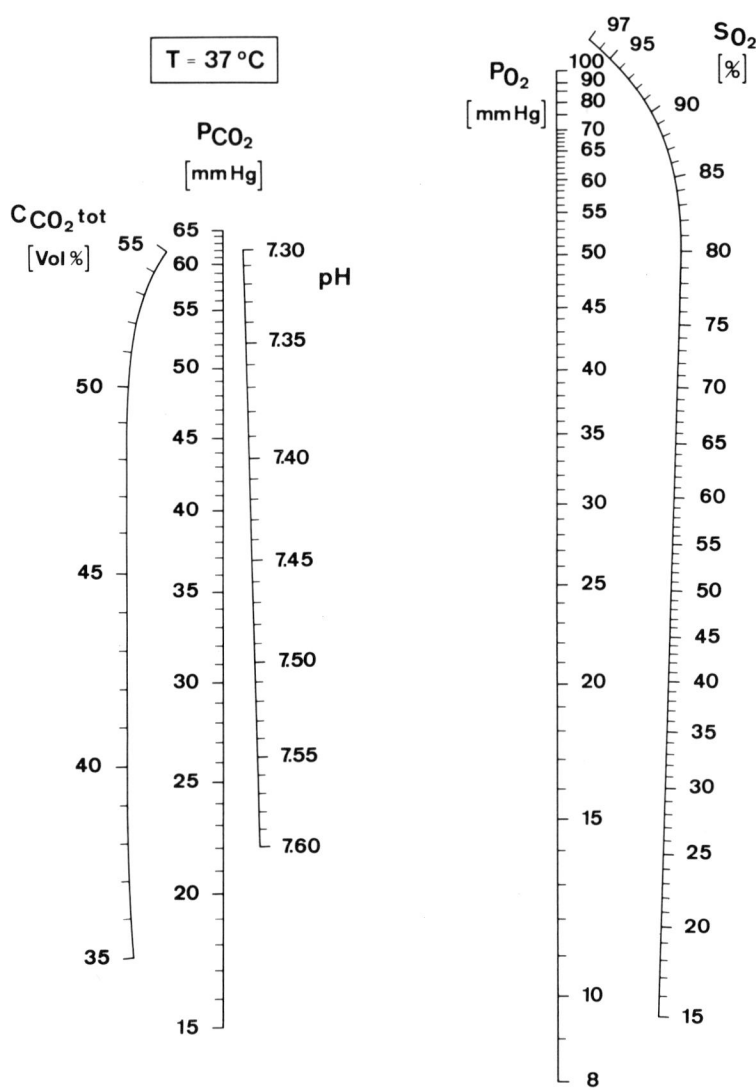

Nr. 26

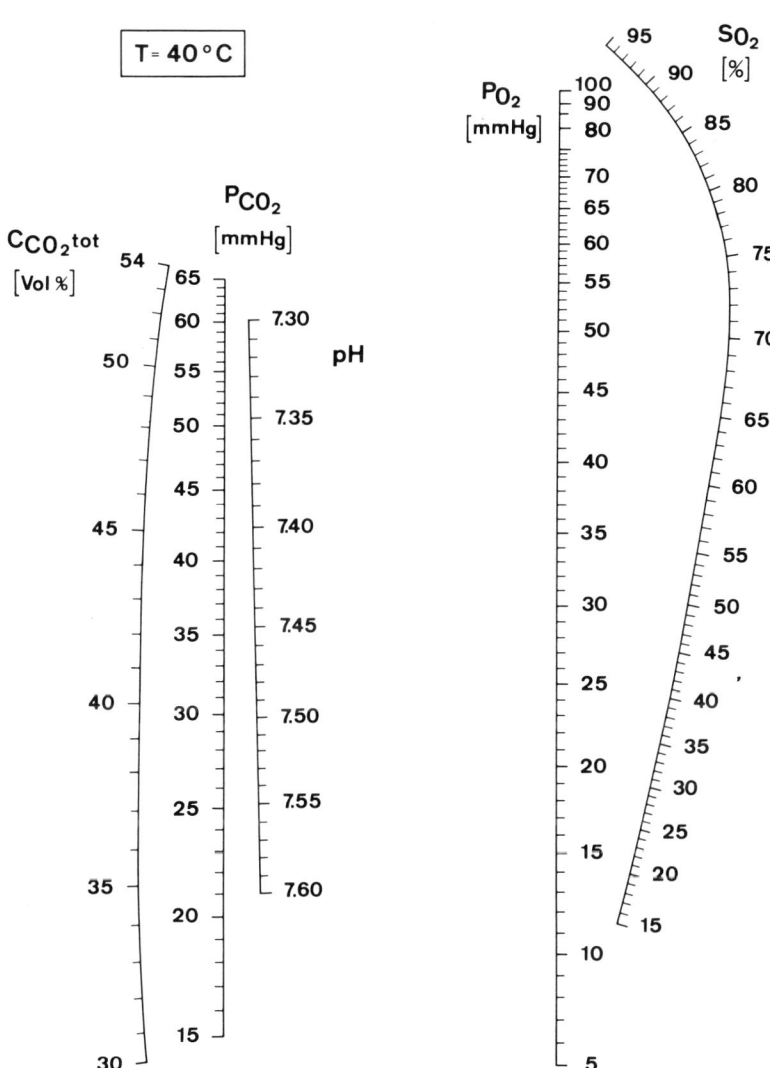

Literatur

ADOLPH, E. F., FERRY, R. M.: The oxygen dissociation of hemoglobin, and the effect of electrolytes upon it. J. biol. Chem. **47**, 547 (1921).

ASTE-SALAZAR, H., HURTADO, A.: The affinity of hemoglobin for oxygen at sea level and at high altitudes. Amer. J. Physiol. **142**, 733 (1944).

ASTRUP, P.: A simple electrometric technique for the determination of carbon dioxide tension in blood and plasma, total content of carbon dioxide in plasma, and bicarbonate content in "separated" plasma at a fixed carbon dioxide tension (40 mmHg). Scand. J. clin. Lab. Invest. **8**, 33 (1956).

— JØRGENSEN, K., SIGGARD-ANDERSEN, O., ENGEL, K.: The acid-base-metabolism, a new approach. Lancet **1960I**, 1035.

— ENGEL, K., SEVERINGHAUS, J. W., MUNSON, E.: The influence of temperature and pH on the dissociation curve of oxyhemoglobin of human blood. Scand. J. clin. Lab. Invest. **17**, 515 (1965).

— HELLUNG-LARSEN, P., KJELDSEN, K., MELLEMGAARD, K.: The effect of tobacco smoking on the dissociation curve of oxyhemoglobin. Investigations in patients with occlusive arterial diseases and in normal subjects. Scand. J. clin. Lab. Invest. **18**, 450 (1966).

BARCROFT, J., KING, W. O. R.: The effect of temperature on the dissociation curve of blood. J. Physiol. (Lond.) **39**, 374 (1909/10).

— BINGER, C. A., BOCK, A. V., DOGGART, J. H., FORBES, H. S., HARROP, G., MEAKINS, J. C., REDFIELD, A. C.: Observations upon the effect of high altitude on the physiological processes of the human body, carried out in the Peruvian Andes, chiefly at Cerro de Pasco. Report to the Peru High Altitude Commitee. Phil. Trans. B. **211**, 351 (1923).

BARNIKOL, W. K. R., THEWS, G.: Zur Interpretation der O_2-Bindungskurve des Human-Hämoglobins. Pflügers Arch. **309**, 232 (1969).

BARTELS, H., RIEGEL, K.: Faktoren, die die Lage der Sauerstoffbindungskurve des Blutes beeinflussen. Beitr. Silikose-Forsch. **60**, 19 (1959).

— BETKE, K., HILPERT, P., NIEMEYER, G., RIEGEL, K.: Die sogenannte Standard-O_2-Dissoziationskurve des gesunden erwachsenen Menschen. Pflügers Arch. ges. Physiol. **272**, 372 (1961).

BATES, R. G.: Electrometric pH determinants. New York: J. Wiley and Sons Inc. 1962.

BAUER, CH.: Der Einfluß von Aldosteron und Cortisol auf die Sauerstoffaffinität des Blutes. Pflügers Arch. ges. Physiol. **300**, R 5 (1968).

— LUDWIG, M., LUDWIG, I., BARTELS, H.: Factors governing the oxygen affinity of human adult and foetal blood. Respir. Physiol. **7**, 271 (1969).

BENESCH, R., BENESCH, R. E.: The effect of organic phosphates from the human erythrocyte on the allosteric properties of hemoglobin. Biochem. biophys. Res. Commun. **26**, 162 (1967).

— — YU, C. I.: Reciprocal binding of oxygen and diphosphoglycerate by human hemoglobin. Proc. nat. Acad. Sci. (Wash.) **59**, 526 (1968).

— — Intracellular organic phosphates as regulators of oxygen release by haemoglobin. Nature (Lond.) **221**, 618 (1969).

BOHR, C., HASSELBACH, K., KROGH, A.: Ueber einen in biologischer Beziehung wichtigen Einfluß, den die Kohlensäurespannung des Blutes auf dessen Sauerstoffbindung übt. Skand. Arch. Physiol. **16**, 402 (1904).

BRACKETT, N. C., COHEN, J. J., SCHWARTZ, W. B.: Carbon dioxide titration curve of normal man. Effect of increasing degrees of acute hypercapnia on acid-base equilibrium. New Engl. J. Med. **272**, 6 (1965).

BROWN, E. B., CLANCY, R. L.: In vivo and in vitro CO_2 blood buffer curves. J. appl. Physiol. **20**, 885 (1965).

CHANUTIN, A., CURNISH, R. R.: Effect of organic and inorganic phosphates on the oxygen equilibrium of human erythrocytes. Arch. Biochem. **121**, 96 (1967).

CHRISTIANSEN, J., DOUGLAS, C. G., HALDANE, J. S.: The absorption and dissociation of carbon dioxide by human blood. J. Physiol. (Lond.) **48**, 244 (1914).

CUNNINGHAM, D. I. C., LLOYD, B. B., MICHEL, C. C.: Acid-base changes in the blood during hypercapnia and hypocapnia in normal man. Proc. physiol. Soc. **160**, 26 (1961).

DELIVORIA-PAPADOPOULOS, M., OSKI, F. A., GOTTLIEB, A. J.: Oxygen-hemoglobin dissociation curves: effect of inherited enzyme defects of the red cell. Science **165**, 601 (1969).

DUHM, J.: Zwei Komponenten der Wirkung von 2,3-Diphosphoglycerat auf die Sauerstoff-Affinität von Hämoglobin in menschlichen Erythrocyten. Pflügers Arch. **319**, R 2 (1970).

EATON, J. W., BREWER, G. J., GROVER, R. F.: Role of red cell 2,3-diphosphoglycerate in the adaptation of man to altitude. J. Lab. clin. Med. **73**, 603 (1969).

GAHLENBECK, H., RATHSCHLAG-SCHAEFER, A. M., BARTELS, H.: Triiodothyronine induced changes of oxygen affinity of blood. Respir. Physiol. **6**, 16 (1968/69).

GROTE, J.: Die Bestimmung der Sauerstoffbindungskurve von hochverdünnten Hämoglobinlösungen. Pflügers Arch. ges. Physiol. **296**, 202 (1967).

— Der Einfluß der O_2-Affinität des Blutes auf die Sauerstoffversorgung der Organe. Habil.-Schrift, Mainz 1968.

— Physiologie und Pathophysiologie des Sauerstofftransportes im Blut. In: Hypoxie, Anaesthesiologie und Wiederbelebung, Bd. 30. Berlin-Heidelberg-New York: Springer 1969.

HALDANE, J., SMITH, J.: The absorption of oxygen by the lungs. J. Physiol. (Lond.) **22**, 231 (1897/98).

HARMS, H., BARTELS, H.: CO_2-Dissoziationskurven des menschlichen Blutes bei Temperaturen von 5—37° C und unterschiedlicher O_2-Sättigung. Pflügers Arch. ges. Physiol. **272**, 384 (1961).

HELLUNG-LARSEN, P., KJELDSEN, K., MELLEMGAARD, K., ASTRUP, P.: Photometric determination of oxyhemoglobin saturation in the presence of carbon monoxide hemoglobin, especially at low oxygen tensions. Scand. J. clin. Lab. Invest. **18**, 443 (1966).

HENDERSON, L. J.: Blood: A study in general physiology. New Haven: Yale University Press 1928.

HOREJSI, J.: Effect of reduced glutathione on the dissociation curve of haemoglobin. Haematologia **1**, 35 (1967).

— KOMARKOVA, A.: The effect of factors contained in the membranes of red blood cells on the shape of the dissociation curve of haemoglobin. Clin. chim. Acta **4**, 391 (1959).

— — The influence of some factors of the red blood cells on the oxygen binding capacity of haemoglobin. Clin. chim. Acta **5**, 392 (1960).

HUCKAUF, H., WALDECK, F.: Die Abhängigkeit des O_2-Bindungskurvenverlaufes vom Lebensalter der roten Blutzellen. Pflügers Arch. ges. Physiol. **297**, R 31 (1967).

KEYS, A., HALL, F. G., BARRON, E. S. G.: The position of the oxygen dissociation curve of human blood at high altitude. Amer. J. Physiol. **115**, 292 (1936).

LAUE, D.: Ein neues Tonometer zur raschen Äquilibrierung von Blut mit verschiedenen Gasdrucken. Pflügers Arch. ges. Physiol. **245**, 142 (1951).

LEHMANN, V.: Individuelle Sauerstoff-Bindungskurven und Säure-Basen-Status des mütterlichen und fötalen Blutes zum Zeitpunkt der Geburt. Z. Geburtsh. Gynäk. **170**, 14 (1969).

LENFANT, C., TORRANCE, J., ENGLISH, E., FINCH, C. A., REYNAFARJE, C., RAMOS, J., FAURA, J.: Effect of altitude on oxygen binding by hemoglobin and on organic phosphate levels. J. clin. Invest. **47**, 2652 (1968).

— WAYS, P., AUCUTT, C., CRUZ, J.: Effect of chronic hypoxic hypoxia on the O_2-Hb dissociation curve and respiratory gas transport in man. Respir. Physiol. **7**, 7 (1969).

MENGDEN, H.-J. v., SCHULTEHINRICHS, D., THEWS, G.: Dependence of plasma pH on oxygen saturation. Respir. Physiol. **6**, 151 (1969).

— — — Säure-Basen-Nomogramme für das menschliche Blut. In: Nomogramme zum Säure-Basen-Status des Blutes und zum Atemgastransport. Anaesthesiologie und Wiederbelebung, Bd. 53. Berlin-Heidelberg-New York: Springer 1971.

MICHEL, C. C., LLOYD, B. B., CUNNINGHAM, D. J. C.: The in vivo carbon dioxide dissociation curve of true plasma. Respir. Physiol. **1**, 121 (1966).

MOURDJINIS, A., WALTERS, C., EDWARDS, M. J., KOLER, R. D., VANDERHEIDEN, B., METCALFE, J.: Improved oxygen delivery in pyruvate kinase deficiency. Clin. Res. **17**, 153 (1969).

MULHAUSEN, R., ASTRUP, P., KJELDSEN, K.: Oxygen affinity of hemoglobin in patients with cardiovascular diseases, anemia, and cirrhosis of the liver. Scand. J. clin. Lab. Invest. **19**, 291 (1967).

NAERAA, N.: The variation of blood oxygen dissociation curves in patients. Scand. J. clin. Lab. Invest. **16**, 630 (1964).

— STRANGE PETERSEN, E., BOYE, E.: The influence of simultaneous, independent changes in pH and carbon dioxide tension on the in vitro oxygen tension-saturation relationship of human blood. Scand. J. clin. Lab. Invest. **15**, 141 (1963).

— — SEVERINGHAUS, J. W.: pH and molecular CO_2 components of the Bohr effect in human blood. Scand. J. clin. Lab. Invest. **18**, 96 (1966).

NIESEL, W., THEWS, G.: Ein neues Verfahren zur schnellen und genauen Aufnahme der Sauerstoffbindungskurve des Blutes und konzentrierter Hämoproteid-lösungen. Pflügers Arch. ges. Physiol. **273**, 380 (1961).

RÖRTH, M.: Effects of some organic phosphate compounds on the oxyhemoglobin dissociation curve in human erythrolysate. Scand. J. clin. Lab. Invest. **22**, 208 (1968).

OSKI, F. A., GOTTLIEB, A. J., DELIVORIA-PAPADOPOULOS, M., MILLER, W. W.: Red cell 2,3-diphosphoglycerate levels in subjects with chronic hypoxemia. New Engl. J. Med. **280**, 1165 (1969).

— — MILLER, W. W., DELIVORIA-PAPADOPOULOS, M.: The effects of deoxygenation of adult and fetal hemoglobin on the synthesis of red cell 2,3-diphosphoglycerate and its in vivo consequences. J. clin. Invest. **49**, 400 (1970).

PARER, J. T.: Oxygen transport in human subjects with hemoglobin variants having altered oxygen affinity. Respir. Physiol. **9**, 43 (1970).

PETERS, J. P.: Studies of the carbon dioxide absorption curve of human blood. III. A further discussion of the form of the absorptioncurve plotted logarithmically with a convenient type of interpolation chart. J. biol. Chem. **56**, 745 (1923).

PERUTZ, M. F., LEHMANN, H.: Molecular pathology of human haemoglobin. Nature (Lond.) **219**, 902 (1968).

RIEGEL, K.: Die Atemgas-Transportgrößen des Blutes im Kindesalter. Fortschr. Pädol. **1**, 147 (1965).

— BARTELS, H.: Physiologische und pathologische Funktionsänderungen des Blutgastransportes beim Menschen. Beitr. Silikose-Forsch. **5**, 367 (1963).

PRYS-ROBERTS, C., KELMAN, G. R., NUNN, J. F.: Determination of the in vivo carbon dioxide titration curve of anaesthetized man. Brit. J. Anaesth. **38**, 500 (1966).

ROOS, A., THOMAS, L. J.: The in-vitro carbon dioxide dissociation curves of true plasma. A theoretical analysis. Anaesthesiol. **28**, 1048 (1967).

ROOTH, G., SJÖSTEDT, S., CALIGARA, F.: The "in vivo" foetal oxygen dissociation curve. Biol. Neonat. (Basel) **1**, 61 (1959).

— CALIGARA, F.: The influence of metabolic acid base variation on the oxygen dissociation curve. Clin. Sci. **21**, 393 (1961).

— SOMMERKAMP, H., BARTELS, H.: The influence of base excess and cation concentration in the red cells on the position of the oxygen dissociation curve. Clin. Sci. **23**, 1 (1962).

ROUGHTON, F. J. W., DARLING, R. C.: The effect of carbon monoxide on the oxyhemoglobin dissociation curve. Amer. J. Physiol. **141**, 17 (1944).

SCHMIDT, K., HEUSER, K. H.: Methodischer Beitrag zur Aufnahme der Sauerstoff-Dissoziationskurve an einlagigen Erythrozytenschichten. Respiration **26**, 16 (1969).

SCHOLANDER, P. F.: Analyzer for accurate estimation of respiratory gases in one-half cubic centimeter samples. J. biol. Chem. **167**, 235 (1947).

SCHWARTZ, W. B., BRACKETT, N. C., COHEN, J. J.: Defense of the hydrogen ion concentration during acute and chronic hypercapnia, the response to progressive elevation of carbon dioxide tension. Trans. Ass. Amer. Phycns. **77**, 182 (1964).

SEVERINGHAUS, J. W.: Blood gas calculator. J. appl. Physiol. **21**, 1108 (1966).

SHAW, L. A., MESSER, A. C.: The transfer of bicarbonate between the blood and tissues caused by alterations of carbon dioxide concentration in the lung. Amer. J. Physiol. **100**, 122 (1932).

SIGGAARD-ANDERSEN, O.: The pH, $\log p_{CO_2}$ blood acid-base nomogram revised. Scand. J. clin. Lab. Invest. **14**, 598 (1962).

— ENGEL, K., JØRGENSEN, K., ASTRUP, P.: A micro method for determination of pH, carbon dioxide tension, base excess and standard bicarbonate in capillary blood. Scand. J. clin. Lab. Invest. **12**, 172 (1960).

SOMMERKAMP, H., RIEGEL, K., HILPERT, P., BRECHT, K.: Über den Einfluß der Kationenkonzentration im Erythrocyten auf die Lage der Sauerstoffdissociationskurve des Blutes. Pflügers Arch. ges. Physiol. **272**, 591 (1961).

THEWS, G.: Physiologische Anpassungsvorgänge bei körperlicher Höchstleitung. Ärzteblatt Rheinland-Pfalz **18**, 351 (1965).

VALTIS, D. J., BAIKIE, A. G.: The influence of red-cell thickness on the oxygen dissociation curve of blood. Brit. J. Haemat. **1**, 146 (1955).

VOGEL, H. R., FISCHER, W. M., THEWS, G.: Die O_2-Transportfunktion des mütterlichen und fetalen Blutes zum Zeitpunkt der Geburt. Pflügers Arch. ges. Physiol. **286**, 238 (1965).

WALDECK, F., ZANDER, R.: Lageveränderungen der Sauerstoffbindungskurve in Abhängigkeit von den intraerythrocytären Kationen- und Hämoglobin-konzentrationen. Klin. Wschr. **47**, 1068 (1969).

WINTERS, R. W.: Terminology of acid-base disorders. Ann. intern. Med. **63**, 873 (1965).

WULF, H., GLASENAPP, H., VOGEL, H. R., FISCHER, W. M.: Individuelle Sauerstoff-Bindungskurven von Nichtschwangeren-, Schwangeren- und Neugeborenenblut. Z. Geburtsh. Gynäk. **165**, 252 (1966).

IV. Nomogramme für Funktionsgrößen des pulmonalen Gasaustausches

W. Schmidt, K. H. Schnabel und G. Thews

Der bei der Passage des Blutes durch die Lunge erzielte Arterialisierungseffekt wird, sofern funktionell einheitliche Austauschbedingungen vorliegen, durch zwei charakteristische Größen bestimmt: 1. das Verhältnis der alveolären Ventilation zur Perfusion $\dot{V}_A/\dot{Q}$ und 2. das Verhältnis der O_2-Diffusionskapazität zur Perfusion $D_L/\dot{Q}$ (s. Abbildung). Das erstgenannte Verhältnis ist vor allem maßgebend für die Höhe der alveolären O_2- und CO_2-Drucke, das letztere für die diffusionsbedingte alveolär-endcapilläre O_2-Druckdifferenz. Beide Verhältnisse sind in der Regel schon beim Lungengesunden, in besonderem Maße jedoch unter pathologischen Bedingungen ungleichmäßig über die Lunge verteilt. Aus diesen Verteilungsungleichmäßigkeiten von $\dot{V}_A/\dot{Q}$ (Verteilungsstörungen 1. Art) und $D_L/\dot{Q}$ (Verteilungsstörungen 2. Art) resultiert insgesamt eine Minderung des pulmonalen Arterialisierungseffektes (vgl. hierzu THEWS, 1968; THEWS u. VOGEL, 1968).

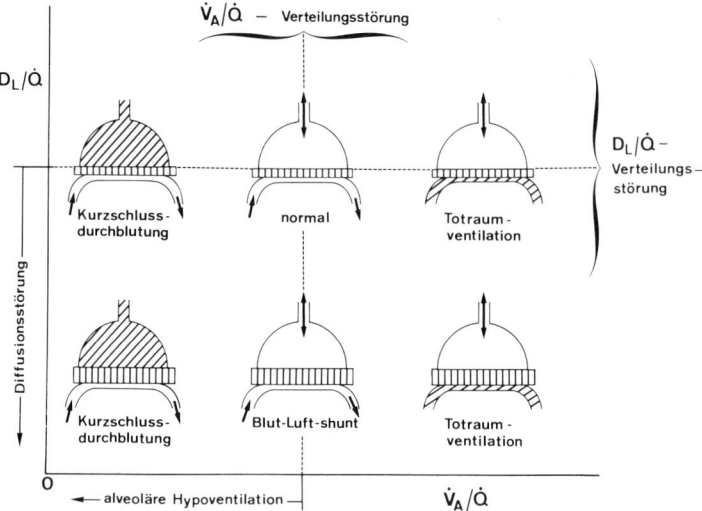

Schematische Darstellung der Faktoren, die die Arterialisierung des Blutes in der Lunge bestimmen, und die daraus abgeleitete Einteilung der Lungenfunktionsstörungen

Die Abhängigkeit der alveolären O_2- und CO_2-Drucke vom Ventilations-Perfusions-Verhältnis $\dot{V}_A/\dot{Q}$ wurde von RAHN u. FENN (1955) quantitativ ermittelt. Die Überlegung, daß die Respiratorischen Quotienten in der Gasphase und der Blutphase einander gleich sein müßten, führte auf einfachem Weg zu den Werten für die Gaspartialdrucke als Funktion von $\dot{V}_A/\dot{Q}$ und zur graphischen Darstellung dieses Zusammenhanges. Die Anwendung des Rahn-Fenn-Diagramms ist jedoch stark eingeschränkt. Eine der Berechnungsannahmen, die Gleichsetzung der alveolären mit den endcapillären O_2- und CO_2-Drucken, ist beim Gesunden nur näherungsweise, beim Lungenkranken in der Regel nie erfüllt. Zumindest für den Sauerstoff, ist auf Grund seiner gegenüber CO_2 ungünstigeren Diffusionseigenschaften mit einer nicht unbeträchtlichen alveolär-endcapillären Druckdifferenz zu rechnen. Um diese quantitativ bestimmen zu können, ist es notwendig, den Modus der O_2-Aufsättigung des Erythrocyten bei seiner Passage durch die Lungencapillare zu kennen. Auf Grund von Modelluntersuchungen an ultradünnen Blutlamellen konnte ein exponentieller Verlauf der O_2-Aufsättigung auch für die pulmonalen Austauschbedingungen wahrscheinlich gemacht werden. Damit war es erstmals möglich, eine Beziehung für die alveolär-endcapilläre O_2-Druckdifferenz $P_{AO_2} - P_{c'O_2}$ als Funktion des Diffusionskapazitäts-Perfusions-Verhältnisses $D_L/\dot{Q}$ anzugeben (THEWS, 1961):

$$P_{AO_2} - P_{c'O_2} = (P_{AO_2} - P_{\bar{v}O_2}) \cdot e^{-\frac{D_L}{\alpha' \cdot \dot{Q}}} \qquad (1)$$

α' bezeichnet den sogenannten Scheinlöslichkeitskoeffizienten, der als das Verhältnis der endcapillär-venösen O_2-Gehaltsdifferenz zur entsprechenden O_2-Druckdifferenz definiert ist: $\alpha' = (C_{c'O_2} - C_{\bar{v}O_2})/(P_{c'O_2} - P_{\bar{v}O_2})$. Die angegebene Gl. (1) konnte später durch theoretische und weitere experimentelle Untersuchungen erhärtet werden (vgl. THEWS, 1963; FRECH, SCHULTEHINRICHS, VOGEL u. THEWS, 1968).

Auf Grund der Beziehung (1) hat VOGEL (1967) das Rahn-Fenn-Diagramm erweitert. Damit ist es möglich, die endcapillären O_2- und CO_2-Drucke direkt als Funktion von $\dot{V}_A/\dot{Q}$ und $D_L/\dot{Q}$ abzulesen. Für diese in cartesianischer Form und als Leiternomogramm dargestellten Abhängigkeiten wurde allerdings eine Korrektur notwendig, u. a. weil neue Überlegungen einen anderen Zahlenwert für α' ergaben, als er von VOGEL verwendet worden war (vgl. THEWS, SCHMIDT u. SCHNABEL, im Druck). Die mit dem neuen Wert für α' errechneten funktionalen Abhängigkeiten sind unter Nr. 27 in Form eines Cartesianischen Nomogramms und unter Nr. 31 als Leiternomogramm dargestellt. Da es neuerdings möglich ist, $\dot{V}_A/\dot{Q}$ und $D_L/\dot{Q}$ in den einzelnen funktionell homogenen Lungenkompartimenten direkt zu bestimmen (vgl. THEWS u. VOGEL, 1968; VOGEL u. THEWS, 1968; SCHMIDT u. SCHNABEL, 1970; THEWS, SCHMIDT u. SCHNABEL, im Druck) kann man mit Hilfe dieser Nomogramme direkt die alveolären und die end-capillären Gaspartialdrucke in den Kompartimenten angeben. Umgekehrt lassen sich bei theoretischen Untersuchungen für angenommene oder abgeschätzte Werte der endcapillären O_2- und CO_2-Drucke diejenigen Werte von $\dot{V}_A/\dot{Q}$ und $D_L/\dot{Q}$ ermitteln, die ihnen auf Grund der pulmonalen Austauschgesetzmäßigkeiten zugeordnet sind.

Die Anwendung der Nomogramme Nr. 27 bzw. Nr. 31 ist an die Bedingungen der Normoxieatmung und der körperlichen Ruhe gebunden ($P_{I_{O_2}} = 149$ mmHg, $P_{\bar{v}_{O_2}} = 40$ mmHg). Um auch unter anderen Voraussetzungen die genannten Abhängigkeiten auf einfache Weise ermitteln zu können, wurden sechs weitere Nomogramme nach dem gleichen Verfahren konstruiert. Nr. 28 und Nr. 32 gelten für mäßig hypoxische Bedingungen bei einem inspiratorischen O_2-Druck von 120 mmHg. Das würde der Luftatmung in etwa 2500 m Höhe oder der Atmung eines Hypoxiegemisches mit 16,8 Vol.-% O_2 in der Ebene entsprechen. Die Nomogramme Nr. 29 bzw. Nr. 33 wurden für einen tieferen inspiratorischen O_2-Druck von 100 mmHg berechnet (Luftatmung in etwa 4000 m Höhe oder Atmung eines Hypoxiegemisches mit 14 Vol.-% O_2 in der Ebene). In diesem Fall dürfen die in den Nomogrammen angegebenen endcapillären O_2-Drucke angenähert den arteriellen O_2-Drucken gleichgesetzt werden, da hier Verteilungsungleichmäßigkeiten und Kurzschlußblut-Beimischungen nur noch eine untergeordnete Rolle spielen. Schließlich wurden bei der Konstruktion der Nomogramme Nr. 30 bzw. Nr. 34 die Bedingungen leichter körperlicher Arbeit (25 Watt) unter Normoxieatmung vorausgesetzt ($P_{I_{O_2}} = 150$ mmHg, $P_{\bar{v}_{O_2}} = 35$ mmHg). Die zugrunde gelegte arterio-venöse O_2-Differenz ergab sich bei dieser Belastungsstufe aus Meßwerten von REINDELL, KÖNIG u. ROSKAMM (1967).

Ein weiteres Problem, für dessen Lösung sich eine nomographische Lösung anbietet, stellt das Berechnungsverfahren für die O_2-Diffusionskapazität der Lunge dar. Bekanntlich ist diese Größe definiert als diejenige O_2-Menge, die pro Minute und pro mmHg mittlerer O_2-Druckdifferenz zwischen Alveolen und Lungencapillarblut ausgetauscht wird:

$$D_L = \frac{\dot{V}_{O_2}}{P_{A_{O_2}} - \bar{P}_{c_{O_2}}} \tag{2}$$

$\dot{V}_{O_2}$ = Sauerstoffaufnahme in ml/min, $\bar{P}_{c_{O_2}}$ = über die Capillarlänge gemittelter O_2-Druck im Blut.

D_L stellt nach dieser Definition nicht anderes dar, als die O_2-Gesamtleitfähigkeit, d. h. den reziproken O_2-Diffusionswiderstand für den Gasaustausch in der Lunge. Die ursprünglich und z. T. noch heute angewandte Methode zur Ermittlung der O_2-Diffusionskapazität aus den Meßwerten ist das Integrationsverfahren nach BOHR (1909). Abgesehen von dem erheblichen Rechenaufwand enthält es eine Voraussetzung, die nach unseren heutigen Kenntnissen nicht mehr als erfüllt angesehen werden kann. Es wird hierbei nämlich angenommen, daß sich der Sauerstoff, der die Alveolar- und Capillarwand passiert hat, augenblicklich über den Capillarquerschnitt verteilt und ohne Verzögerung mit dem Hämoglobin reagiert. Demgegenüber konnte theoretisch und experimentell gezeigt werden, daß die intracapillären Diffusions- und Reaktionsprozesse auf den zeitlichen Verlauf der O_2-Aufsättigung des Erythrocyten einen erheblichen Einfluß haben (vgl. hierzu THEWS, 1963).

Unter Berücksichtigung dieser neueren Ergebnisse wurde von THEWS (1959) ein nomographisches Verfahren zur Bestimmung der O_2-Diffusionskapazität angegeben. Nachdem in späteren Experimenten der monoexponentielle Verlauf der O_2-Aufsättigung wahrscheinlich gemacht werden konnte, wurde auf Grund der Gl. (1) ein neues Nomogramm berechnet (THEWS, 1968), das jedoch von dem ursprünglich angegebenen nur geringfügig abweicht. Dieses neue Leiternomogramm, das unter Nr. 35 wiedergegeben wird, ist nicht nur einfacher zu handhaben, sondern theoretisch auch besser begründet als das Bohrsche Integrationsverfahren.

Nr. 27

Cartesianisches Nomogramm zur Bestimmung der alveolären und endcapillären O_2- und CO_2-Drucke unter Normoxiebedingungen

Zweck und Anwendungsmöglichkeiten

Die Darstellung enthält die Abhängigkeit der alveolären und end-capillären O_2- und CO_2-Drucke vom Ventilations-Perfusions-Verhältnis $\dot{V}_A/\dot{Q}$ und vom O_2-Diffusionskapazitäts-Perfusions-Verhältnis $D_L/\dot{Q}$. Speziell dient das Nomogramm zur Bestimmung der alveolären O_2- und CO_2-Drucke ($P_{A_{O_2}}$ und $P_{A_{CO_2}}$), die an der Kurve $D_L/\dot{Q} = \infty$ abgelesen werden, und zur Bestimmung der endcapillären O_2- und CO_2-Drucke ($P_{c'_{O_2}}$ und $P_{c'_{CO_2}}$), die an Hand der Kurve mit dem jeweiligen $D_L/\dot{Q}$-Wert zu ermitteln sind. Damit erhält man auch die diffusions-bedingte alveolär-endcapilläre O_2-Druckdifferenz ($P_{A_{O_2}} - P_{c'_{O_2}}$). Für den praktischen Gebrauch ist es zweckmäßig, das analoge Leiternomogramm Nr. 31 zu verwenden.

Voraussetzung für die Anwendung

Folgende Meßwerte werden benötigt:

1. das Ventilations-Perfusions-Verhältnis $\dot{V}_A/\dot{Q}$, das direkt gemessen oder über die getrennte Bestimmung von alveolärer Ventilation $\dot{V}_A$ [l/min] und Perfusion $\dot{Q}$ [l/min] gewonnen werden kann.

2. das O_2-Diffusionskapazitäts-Perfusions-Verhältnis $D_L/\dot{Q}$, das direkt meßbar oder über die getrennte Bestimmung der O_2-Diffusions-kapazität $D_{L_{O_2}}$ [ml/min · mmHg] (s. Nomogramm Nr. 35) und der Perfusion zu erhalten ist,

3. der O_2-Druck $P_{\bar{v}_{O_2}}$ [mmHg] und der CO_2-Druck $P_{\bar{v}_{CO_2}}$ [mmHg] des venösen Mischblutes, die man durch eine Katheteruntersuchung, durch ein unblutiges Äquilibrierungsverfahren mit der Alveolarluft oder durch Abschätzung der arterio-venösen Differenz ermitteln kann.

Grenzen der Anwendung

Das Nomogramm ist nur für die Bestimmung der Atemgasdrucke in der homogenen Lunge oder funktionell einheitlichen Lungen-kompartimenten anwendbar. Bei Inhomogenitäten von Ventilation, Perfusion und O_2-Diffusionskapazität hängen die mittleren alveolären und endcapillären Werte zusätzlich von der Größe der Lungenkom-partimente ab (vgl. THEWS u. VOGEL, 1968; THEWS, SCHMIDT u. SCHNABEL, im Druck).

Genauigkeit des Nomogramms

Abweichungen bis zu ± 4 mmHg im O_2-Druck der Inspirationsluft und ± 2 mmHg im O_2-Druck bzw. ± 1 mmHg im CO_2-Druck des venösen Mischblutes beeinflussen das Ergebnis um weniger als die kleinste eingezeichnete Skaleneinheit.

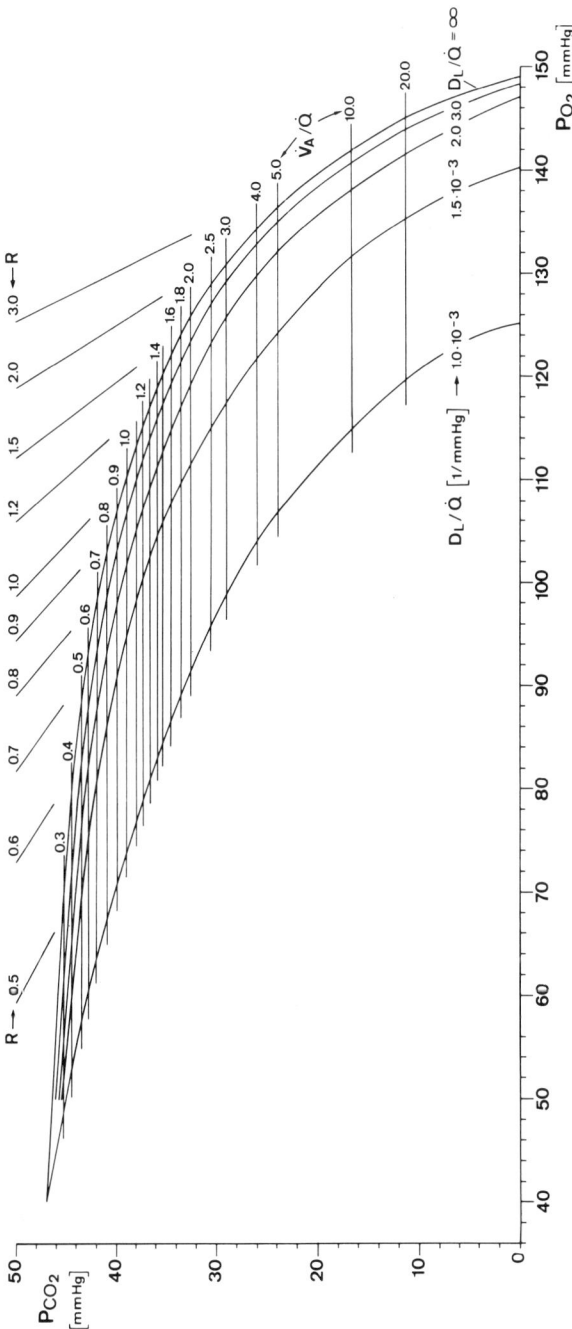

Nr. 28

Cartesianisches Nomogramm zur Bestimmung der alveolären und endcapillären O_2- und CO_2-Drucke unter Hypoxiebedingungen ($P_{I_{O_2}} = 120$ mmHg)

Zweck und Anwendungsmöglichkeiten

Die Darstellung enthält die Abhängigkeit der alveolären und end-capillären O_2- und CO_2-Drucke vom Ventilations-Perfusions-Verhältnis $\dot{V}_A/\dot{Q}$ und vom O_2- Diffusionskapazitäts-Perfusions-Verhältnis $D_L/\dot{Q}$. Das Nomogramm gilt für einen inspiratorischen O_2-Druck von $P_{I_{O_2}} = 120$ mmHg. Es kann also

1. für das Angebot eines hypoxischen Gasgemisches mit 16,8 Vol.-% O_2 unter einem Barometerdruck von 760 mmHg oder

2. für Luftatmung unter einem Barometerdruck von 575 mmHg, entsprechend einer Höhe von etwa 2500 m über NN

angewendet werden. Im venösen Mischblut werden ein O_2-Druck von $P_{\bar{v}_{O_2}} = 37$ mmHg und ein CO_2-Druck von $P_{\bar{v}_{CO_2}} = 49$ mmHg angenommen. Speziell dient das Nomogramm zur Bestimmung der alveolären O_2- und CO_2-Drucke ($P_{A_{O_2}}$ und $P_{A_{CO_2}}$), die an der Kurve $D_L/\dot{Q} = \infty$ abgelesen werden, und zur Bestimmung der endcapillären O_2- und CO_2-Drucke ($P_{c'_{O_2}}$ und $P_{c'_{CO_2}}$), die an Hand der Kurve mit dem jeweiligen $D_L/\dot{Q}$-Wert zu ermitteln sind. Damit erhält man auch die diffusionsbedingte alveolär-endcapilläre O_2-Druckdifferenz ($P_{A_{O_2}} - P_{c'_{O_2}}$). Für den praktischen Gebrauch ist es zweckmäßig, das analoge Leiter-nomogramm Nr. 32 zu verwenden.

Voraussetzungen und *Grenzen der Anwendung* sowie die *Genauigkeit* des Nomogramms sind in der Legende zu Nr. 27 angegeben.

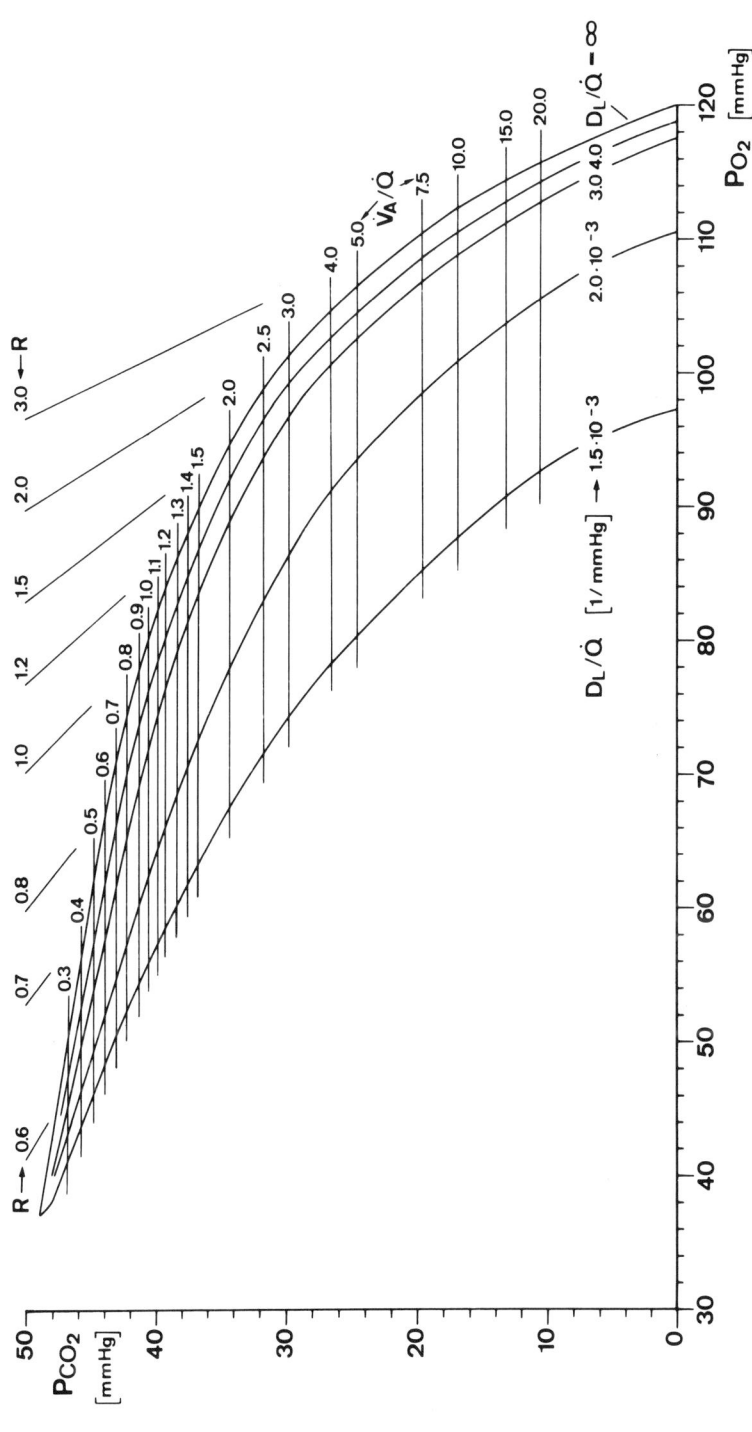

Nr. 29

Cartesianisches Nomogramm zur Bestimmung der alveolären und endcapillären O_2- und CO_2-Drucke unter Hypoxiebedingungen ($P_{I_{O_2}} = 100$ mmHg)

Zweck und Anwendungsmöglichkeiten

Die Darstellung enthält die Abhängigkeit der alveolären und endcapillären O_2- und CO_2-Drucke vom Ventilations-Perfusions-Verhältnis $\dot{V}_A/\dot{Q}$ und vom O_2-Diffusionskapazitäts-Perfusions-Verhältnis $D_L/\dot{Q}$. Das Nomogramm gilt für einen inspiratorischen O_2-Druck von $P_{I_{O_2}} = 100$ mmHg. Es kann also

1. bei Angebot eines hypoxischen Gasgemisches mit 14 Vol.-% O_2 unter einem Barometerdruck von 760 mmHg oder

2. bei Luftatmung unter einem Barometerdruck von 480 mmHg, entsprechend einer Höhe von etwa 4000 m über NN

angewendet werden.

Im venösen Mischblut wurde ein O_2-Druck von $P_{\bar{v}_{O_2}} = 30$ mmHg und ein CO_2-Druck von $P_{\bar{v}_{CO_2}} = 50$ mmHg angenommen. Speziell dient das Nomogramm zur Bestimmung der alveolären O_2- und CO_2-Drucke ($P_{A_{O_2}}$ und $P_{A_{CO_2}}$), die an der Kurve $D_L/\dot{Q} = \infty$ abgelesen werden, und zur Bestimmung der endcapillären O_2- und CO_2-Drucke ($P_{c'_{O_2}}$ und $P_{c'_{CO_2}}$), die an Hand der Kurve mit dem jeweiligen $D_L/\dot{Q}$-Wert zu ermitteln sind. Damit erhält man auch die diffusionsbedingte alveolär-endcapilläre O_2-Druckdifferenz ($P_{A_{O_2}} - P_{c'_{O_2}}$).

Für den praktischen Gebrauch ist es zweckmäßig, das analoge Leiternomogramm Nr. 33 zu verwenden.

Voraussetzungen und *Grenzen der Anwendung* sowie die *Genauigkeit* des Nomogramms sind in der Legende zu Nr. 27 angegeben.

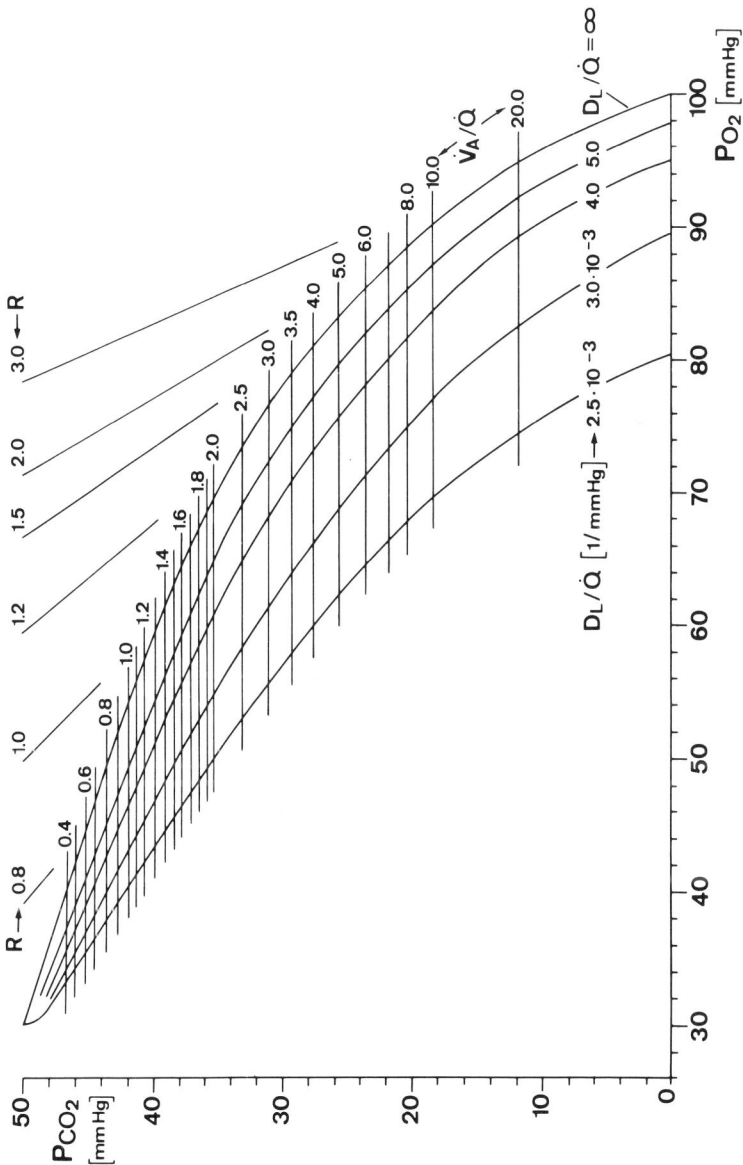

Nr. 30

Cartesianisches Nomogramm zur Bestimmung der alveolären und endcapillären O_2- und CO_2-Drucke unter Arbeitsbedingungen (25 Watt)

Zweck und Anwendungsmöglichkeiten

Die Darstellung enthält die Abhängigkeit der alveolären und endcapillären O_2- und CO_2-Drucke vom Ventilations-Perfusions-Verhältnis $\dot{V}_A/\dot{Q}$ und vom O_2-Diffusionskapazitäts-Perfusions-Verhältnis $D_L/\dot{Q}$. Unter der Voraussetzung leichter körperlicher Arbeit von 25 Watt wurde der O_2-Druck des venösen Mischblutes mit $P_{\bar{v}_{O_2}} = 35$ mmHg angesetzt. Speziell dient das Nomogramm zur Bestimmung der alveolären O_2- und CO_2-Drucke ($P_{A_{O_2}}$ und $P_{A_{CO_2}}$), die an der Kurve $D_L/\dot{Q} = \infty$ abgelesen werden, und zur Bestimmung der endcapillären O_2- und CO_2-Drucke ($P_{c'_{O_2}}$ und $P_{c'_{CO_2}}$), die an Hand der jeweiligen Kurve mit dem zuvor gemessenen $D_L/\dot{Q}$-Wert zu ermitteln sind. Damit erhält man auch die diffusionsbedingte alveolär-endcapilläre O_2-Druckdifferenz ($P_{A_{O_2}} - P_{c'_{O_2}}$). Für den praktischen Gebrauch ist es zweckmäßig, das analoge Leiternomogramm Nr. 34 zu verwenden.

Voraussetzungen und *Grenzen der Anwendung* sowie die *Genauigkeit* des Nomogramms sind in der Legende zu Nr. 27 angegeben.

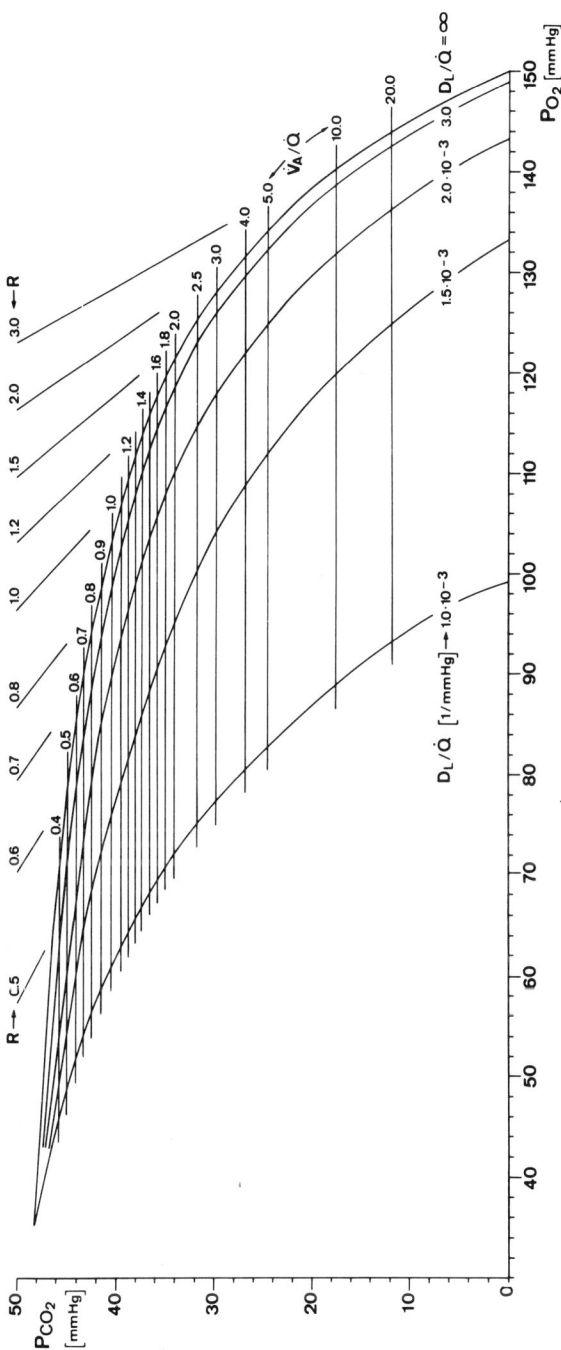

Nr. 31

Leiternomogramm zur Bestimmung der alveolären und end-capillären O_2- und CO_2-Drucke unter Normoxiebedingungen

Zweck und Anwendungsmöglichkeiten

Das Leiternomogramm gibt in anderer Form die Zusammenhänge des Cartesianischen Nomogramms Nr. 27 wieder. Es enthält die Abhängigkeit der alveolären und endcapillären O_2- und CO_2-Drucke vom Ventilations-Perfusions-Verhältnis $\dot{V}_A/\dot{Q}$ und vom O_2-Diffusionskapazi-täts-Perfusions-Verhältnis $D_L/\dot{Q}$. Das Nomogramm dient vor allem zur Bestimmung der alveolären und endcapillären O_2- und CO_2-Drucke, nachdem zuvor $\dot{V}_A/\dot{Q}$ und $D_L/\dot{Q}$ in der Gesamtlunge oder für einzelne Lungenkompartimente gemessen wurden.

Anwendung

1. Bestimmung der alveolären O_2- und CO_2-Drucke ($P_{A_{O_2}}$ und $P_{A_{CO_2}}$): Durch den Punkt $D_L/\dot{Q} = \infty$ und den gemessenen Wert von $\dot{V}_A/\dot{Q}$ auf der entsprechenden Leiter ist eine Gerade zu legen. $P_{A_{O_2}}$ und $P_{A_{CO_2}}$ werden dann an den Schnittpunkten dieser Geraden mit den P_{O_2}- und P_{CO_2}-Leitern abgelesen.

2. Bestimmung der endcapillären O_2- und CO_2-Drucke ($P_{c'_{O_2}}$ und $P_{c'_{CO_2}}$): In diesem Fall wird die Gerade durch die zuvor ermittelten Werte für $\dot{V}_A/\dot{Q}$ und $D_L/\dot{Q}$ auf den entsprechenden Leitern gelegt. Die Schnittpunkte dieser Geraden mit den P_{O_2}- und P_{CO_2}-Leitern liefern dann die gesuchten endcapillären Werte.

Beispiel

Aus den Werten $\dot{V}_A/\dot{Q} = 0,8$ und $D_L/\dot{Q} = 2,0 \cdot 10^{-3}$ [1/mmHg] ergeben sich die folgenden Drucke: $P_{A_{CO_2}} = P_{c'_{CO_2}} = 41$ [mmHg], $P_{A_{O_2}} = 103$ [mmHg] und $P_{c'_{O_2}} = 91$ [mmHg].

Voraussetzungen und *Grenzen der Anwendung* sowie die *Genauigkeit* des Nomogramms sind in der Legende zum Cartesianischen Nomogramm Nr. 27 angegeben.

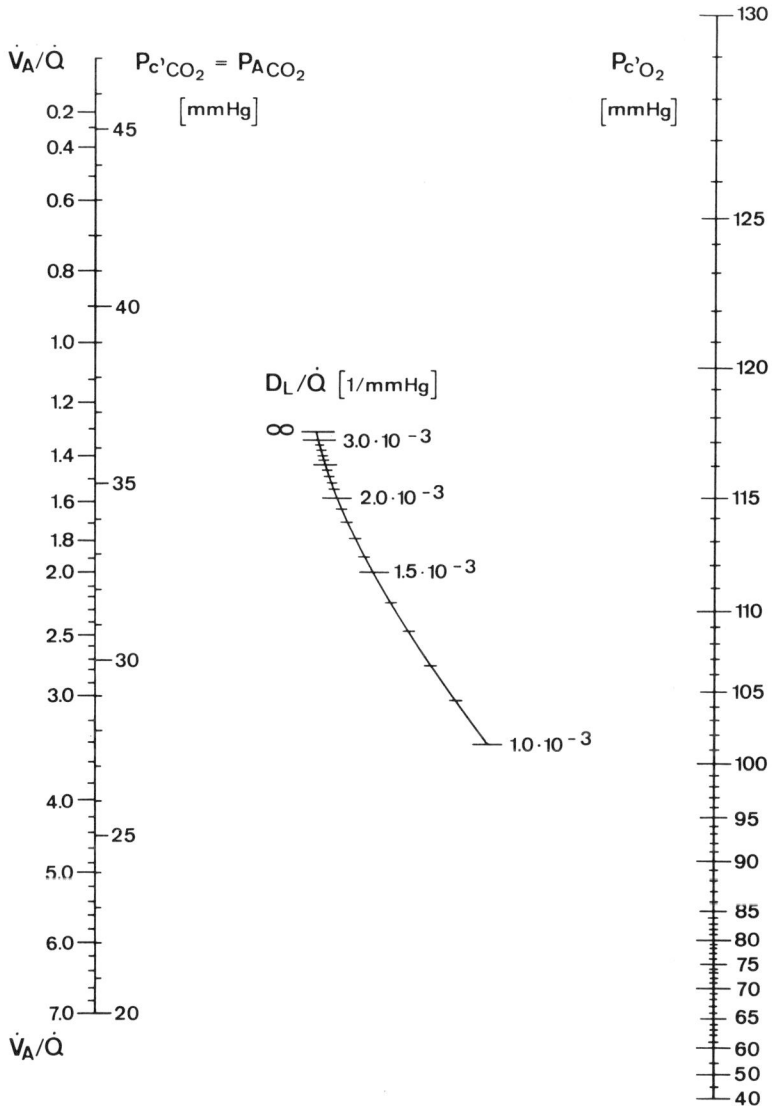

Nr. 32

Leiternomogramm zur Bestimmung der alveolären und endcapillären O_2- und CO_2-Drucke unter Hypoxiebedingungen ($P_{IO_2} = 120$ mmHg)

Zweck und Anwendungsmöglichkeiten

Das Leiternomogramm gibt in anderer Form die Zusammenhänge des Cartesianischen Nomogramms Nr. 28 wieder. Es enthält die Abhängigkeit der alveolären und endcapillären O_2- und CO_2-Drucke vom Ventilations-Perfusions-Verhältnis $\dot{V}_A/\dot{Q}$ und vom O_2-Diffusionskapazitäts-Perfusions-Verhältnis $D_L/\dot{Q}$. Der angenommene O_2-Druck der Inspirationsluft $P_{IO_2} = 120$ mmHg entspricht einem O_2-Gehalt von 16,8 Vol.-% bei einem Barometerdruck von 760 mmHg oder Luftatmungsbedingungen bei einem Barometerdruck von 575 mmHg, gemäß einer Höhe von etwa 2500 m über NN. Im venösen Mischblut wurde ein O_2-Druck von $P_{\bar{v}O_2} = 37$ mmHg und ein CO_2-Druck von $P_{\bar{v}CO_2} = 49$ mmHg angenommen. Das Nomogramm dient vor allem zur Bestimmung der alveolären und endcapillären O_2- und CO_2-Drucke, nachdem zuvor $\dot{V}_A/\dot{Q}$ und $D_L/\dot{Q}$ in der Gesamtlunge oder für einzelne Lungenkompartimente gemessen wurden.

Anwendung

1. Bestimmung der alveolären O_2- und CO_2-Drucke (P_{AO_2} und P_{ACO_2}): Durch den Punkt $D_L/\dot{Q} = \infty$ und den gemessenen Wert von $\dot{V}_A/\dot{Q}$ auf der entsprechenden Leiter ist eine Gerade zu legen. P_{AO_2} und P_{ACO_2} werden dann an den Schnittpunkten dieser Geraden mit den P_{O_2}- und P_{CO_2}-Leitern abgelesen.

2. Bestimmung der endcapillären O_2- und CO_2-Drucke ($P_{c'O_2}$ und $P_{c'CO_2}$): In diesem Fall wird die Gerade durch die zuvor ermittelten Werte für $\dot{V}_A/\dot{Q}$ und $D_L/\dot{Q}$ auf den entsprechenden Leitern gelegt. Die Schnittpunkte dieser Geraden mit den P_{O_2}- und P_{CO_2}-Leitern liefern dann die gesuchten endcapillären Werte.

Beispiel

Aus den Werten $\dot{V}_A/\dot{Q} = 1,0$ und $D_L/\dot{Q} = 3,0 \cdot 10^{-3}$ [1/mmHg] ergeben sich folgende Drucke: $P_{ACO_2} = P_{c'CO_2} = 40,5$ [mmHg], $P_{AO_2} = 80,0$ [mmHg] und $P_{c'O_2} = 73,5$ [mmHg].

Voraussetzungen und *Grenzen der Anwendung* sowie die *Genauigkeit* des Nomogramms sind in der Legende zu Nr. 27 angegeben.

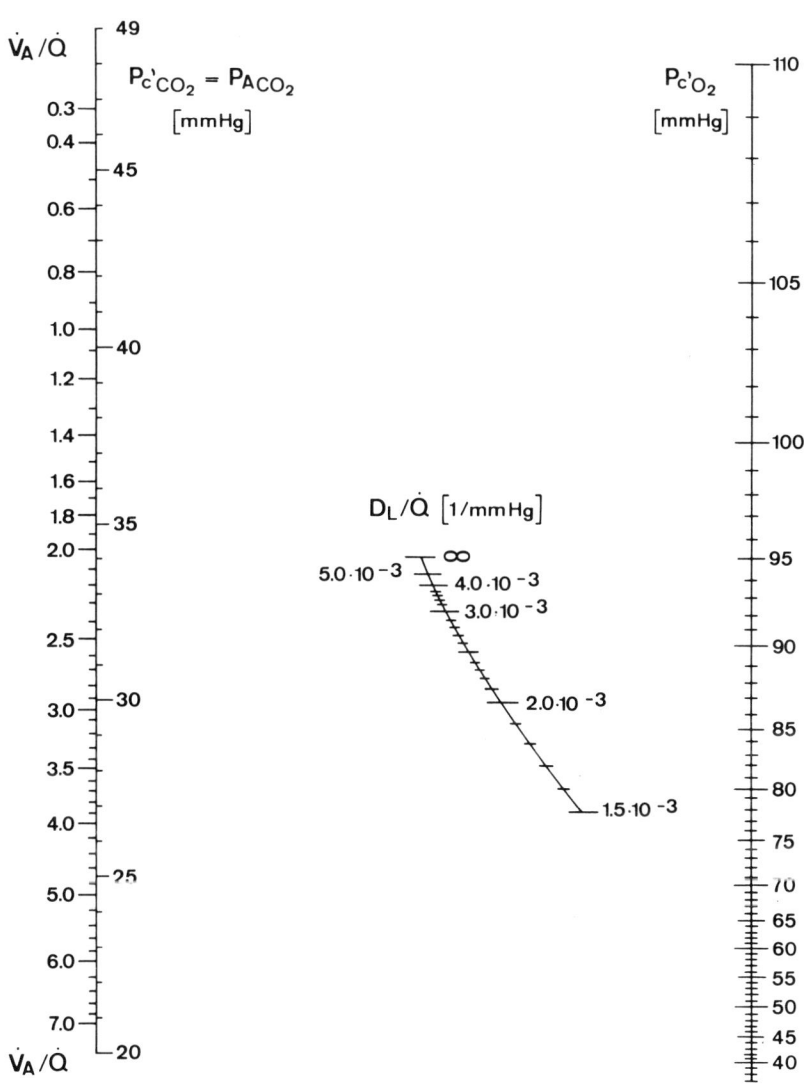

$\dot{V}_A / \dot{Q}$

$P_{c'CO_2} = P_{ACO_2}$

$[mmHg]$

$P_{c'O_2}$

$[mmHg]$

$D_L / \dot{Q} \; [1/mmHg]$

$5.0 \cdot 10^{-3}$

∞

$4.0 \cdot 10^{-3}$

$3.0 \cdot 10^{-3}$

$2.0 \cdot 10^{-3}$

$1.5 \cdot 10^{-3}$

$\dot{V}_A / \dot{Q}$

Nr. 33

Leiternomogramm zur Bestimmung der alveolären und endcapillären O_2- und CO_2-Drucke unter Hypoxiebedingungen ($P_{I_{O_2}} = 100$ mmHg)

Zweck und Anwendungsmöglichkeiten

Das Leiternomogramm gibt in anderer Form die Zusammenhänge des Cartesianischen Nomogramms Nr. 29 wieder. Es enthält die Abhängigkeit der alveolären und endcapillären O_2- und CO_2-Drucke vom Ventilations-Perfusions-Verhältnis $\dot{V}_A/\dot{Q}$ und vom O_2-Diffusionskapazitäts-Perfusions-Verhältnis $D_L/\dot{Q}$. Der angenommene inspiratorische O_2-Druck von $P_{I_{O_2}} = 100$ mmHg gilt

1. für die Atmung eines Gasgemisches mit einem O_2-Gehalt von 14 Vol.-% bei einem Barometerdruck von 760 mmHg oder

2. für Luftatmung bei einem Barometerdruck von 480 mmHg, entsprechend einer Höhe von etwa 4000 m über NN. Im venösen Mischblut wurde ein O_2-Druck von $P_{\bar{v}_{O_2}} = 30$ mmHg und ein CO_2-Druck von $P_{\bar{v}_{CO_2}} = 50$ mmHg angenommen.

Anwendung

1. Bestimmung der alveolären O_2- und CO_2-Drucke ($P_{A_{O_2}}$ und $P_{A_{CO_2}}$): Durch den Punkt $D_L/\dot{Q} = \infty$ und den gemessenen Wert von $\dot{V}_A/\dot{Q}$ auf der entsprechenden Leiter ist eine Gerade zu legen. $P_{A_{O_2}}$ und $P_{A_{CO_2}}$ werden dann an den Schnittpunkten dieser Geraden mit den P_{O_2}- und P_{CO_2}-Leitern abgelesen.

2. Bestimmung der endcapillären O_2- und CO_2-Drucke ($P_{c'_{O_2}}$ und $P_{c'_{CO_2}}$): In diesem Fall wird die Gerade durch die zuvor ermittelten Werte für $\dot{V}_A/\dot{Q}$ und $D_L/\dot{Q}$ auf den entsprechenden Leitern gelegt. Die Schnittpunkte dieser Geraden mit den P_{O_2}- und P_{CO_2}-Leitern liefern dann die gesuchten endcapillären Werte.

Beispiel

Aus den Werten $\dot{V}_A/\dot{Q} = 1,3$ und $D_L/\dot{Q} = 4,0 \cdot 10^{-3}$ [1/mmHg] ergeben sich die folgenden Drucke: $P_{A_{CO_2}} = P_{c'_{CO_2}} = 39,7$ [mmHg], $P_{A_{O_2}} = 60,0$ [mmHg] und $P_{c'_{O_2}} = 51,5$ [mmHg].

Voraussetzungen und *Grenzen der Anwendung* sowie die *Genauigkeit* des Nomogramms sind in der Legende zu Nr. 27 angegeben.

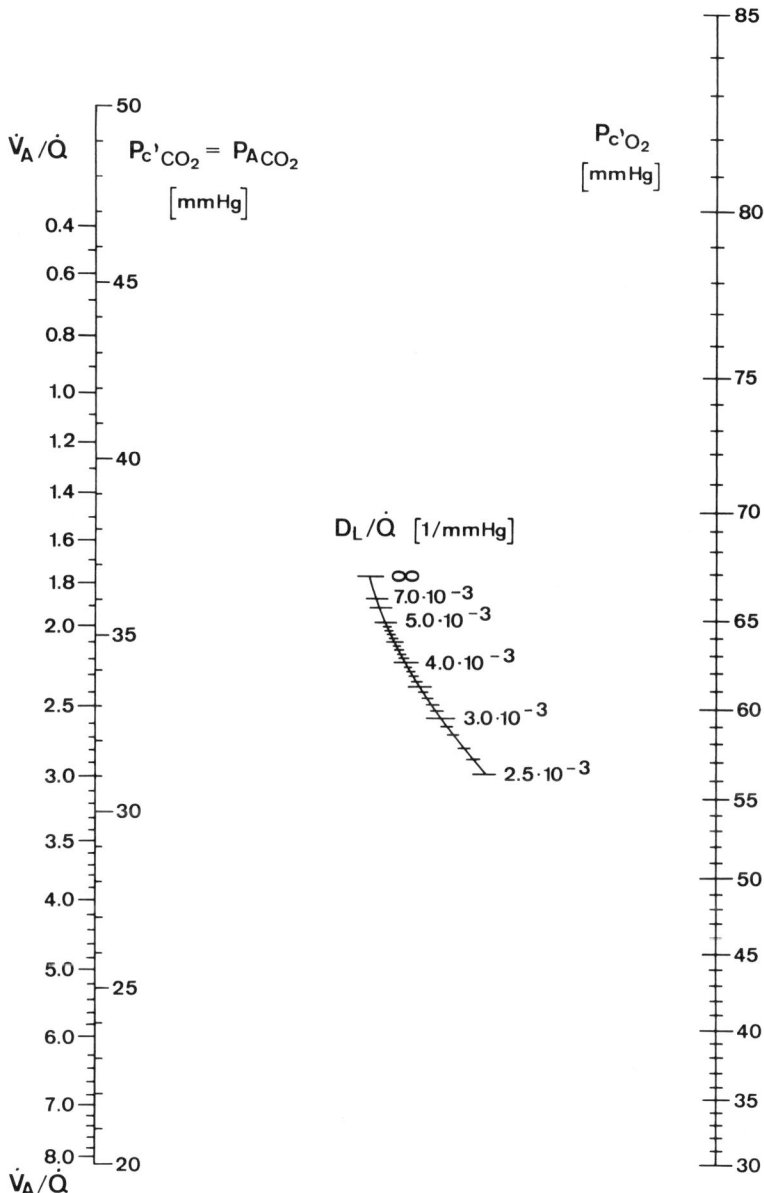

Nr. 34

Leiternomogramm zur Bestimmung der alveolären und endcapillären O_2- und CO_2-Drucke unter Arbeitsbedingungen (25 Watt)

Zweck und Anwendungsmöglichkeiten

Das Leiternomogramm gibt in anderer Form die Zusammenhänge des Cartesianischen Nomogramms Nr. 30 wieder. Es enthält die Abhängigkeit der alveolären und endcapillären O_2- und CO_2-Drucke vom Ventilations-Perfusions-Verhältnis $\dot{V}_A/\dot{Q}$ und vom O_2-Diffusionskapazitäts-Perfusionsverhältnis $D_L/\dot{Q}$. Dabei ist der O_2-Druck des venösen Mischblutes mit $P_{\bar{v}O_2} = 35$ mmHg festgelegt, entsprechend den Bedingungen bei leichter körperlicher Arbeit von 25 Watt. Das Nomogramm dient vor allem zur Bestimmung der alveolären und endcapillären O_2- und CO_2-Drucke, nachdem zuvor $\dot{V}_A/\dot{Q}$ und $D_L/\dot{Q}$ in der Gesamtlunge oder für einzelne Lungenkompartimente gemessen wurden.

Anwendung

1. Bestimmung der alveolären O_2- und CO_2-Drucke (P_{AO_2} und P_{ACO_2}): Durch den Punkt $D_L/\dot{Q} = \infty$ und den gemessenen Wert von $\dot{V}_A/\dot{Q}$ auf der entsprechenden Leiter ist eine Gerade zu legen. P_{AO_2} und P_{ACO_2} werden dann an den Schnittpunkten dieser Geraden mit den P_{O_2}- und P_{CO_2}-Leitern abgelesen.

2. Bestimmung der endcapillären O_2- und CO_2-Drucke ($P_{c'O_2}$ und $P_{c'CO_2}$): In diesem Fall wird die Gerade durch die zuvor ermittelten Werte für $\dot{V}_A/\dot{Q}$ und $D_L/\dot{Q}$ auf den entsprechenden Leitern gelegt. Die Schnittpunkte dieser Geraden mit den P_{O_2}- und P_{CO_2}-Leitern liefern dann die gesuchten endcapillären Werte.

Beispiel

Aus den Werten $\dot{V}_A/\dot{Q} = 1,0$ und $D_L/\dot{Q} = 2,0 \cdot 10^{-3}$ [1/mmHg] ergeben sich die folgenden Drucke: $P_{ACO_2} = P_{c'CO_2} = 40,2$ [mmHg], $P_{AO_2} = 104$ [mmHg] und $P_{c'O_2} = 91$ [mmHg].

Voraussetzungen und *Grenzen der Anwendung* sowie die *Genauigkeit* des Nomogramms sind in der Legende zu Nr. 27 angegeben.

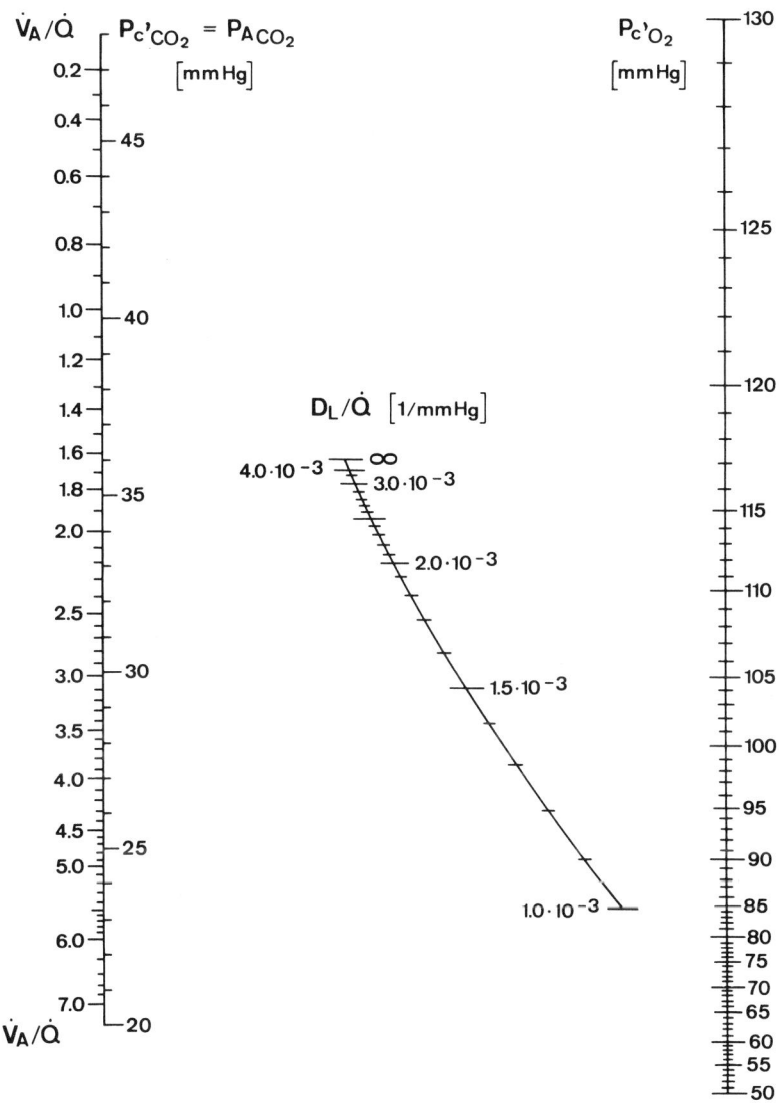

$\dot{V}_A/\dot{Q}$

$P_{c'CO_2} = P_{A CO_2}$ $[mmHg]$

$P_{c'O_2}$ $[mmHg]$

$D_L/\dot{Q}$ $[1/mmHg]$

Nr. 35

Nomogramm zur Bestimmung
der O_2-Diffusionskapazität der Lunge

Zweck und Anwendungsmöglichkeiten

Das Nomogramm dient zur Bestimmung des Quotienten aus O_2-Diffusionskapazität $D_{L_{O_2}}$ [ml/min · mmHg] und Sauerstoffaufnahme $\dot{V}_{O_2}$ [ml/min]. Ist $\dot{V}_{O_2}$ bekannt, so kann $D_{L_{O_2}}$ aus dem ermittelten Quotienten berechnet werden. Das Nomogramm tritt an die Stelle des sog. Bohrschen Integrationsverfahrens (s. BOHR, 1909).

Voraussetzungen für die Anwendung

Folgende Meßwerte werden benötigt:

1. der alveoläre O_2-Druck $P_{A_{O_2}}$ [mmHg], der durch direkte Alveolargasanalyse oder über die sog. Alveolarluftformel gewonnen werden kann,

2. der O_2-Druck des venösen Mischblutes $P_{\bar{v}_{O_2}}$ [mmHg], den man durch eine Katheteruntersuchung, durch ein unblutiges Äquilibrierungsverfahren mit der Alveolarluft oder durch eine Abschätzung der arteriovenösen Differenz (AvD_{O_2}) erhält,

3. der endcapilläre O_2-Druck $P_{c'_{O_2}}$ [mmHg]. Dieser Wert ist der Messung nur zugänglich, wenn die gesamte Untersuchung bei Hypoxieatmung $(F_{I_{O_2}} \simeq 12$ Vol.-%) durchgeführt wird. In diesem Fall entspricht $P_{c'_{O_2}}$ etwa dem arteriellen O_2-Druck $P_{a_{O_2}}$, der polarographisch ermittelt werden kann.

Grenzen der Anwendung

Wird das Nomogramm für theoretische Untersuchungen des Gasaustausches unter Luftatmungsbedingungen verwendet, so ist zu beachten, daß neben der Ventilation und der Perfusion in der Regel auch die O_2-Diffusionskapazität ungleichmäßig über die Lunge verteilt ist. Das gilt in besonderem Maße bei Lungenkrankheiten. In diesem Fall ist das Nomogramm nur auf die einzelnen funktionell einheitlichen Kompartimente anwendbar.

Genauigkeit des Nomogramms

Die Berechnungsgrundlagen sind theoretisch und experimentell besser begründet, als die des Bohrschen Integrationsverfahrens (vgl. THEWS, 1963; FRECH et al., 1968). Sofern, wie wahrscheinlich gemacht werden konnte, ein exponentieller O_2-Druckanstieg bei der Passage des Erythrocyten durch die Lungencapillare vorliegt, ist die Genauigkeit der Berechnung besser als die kleinste im Nomogramm eingezeichnete Skaleneinheit.

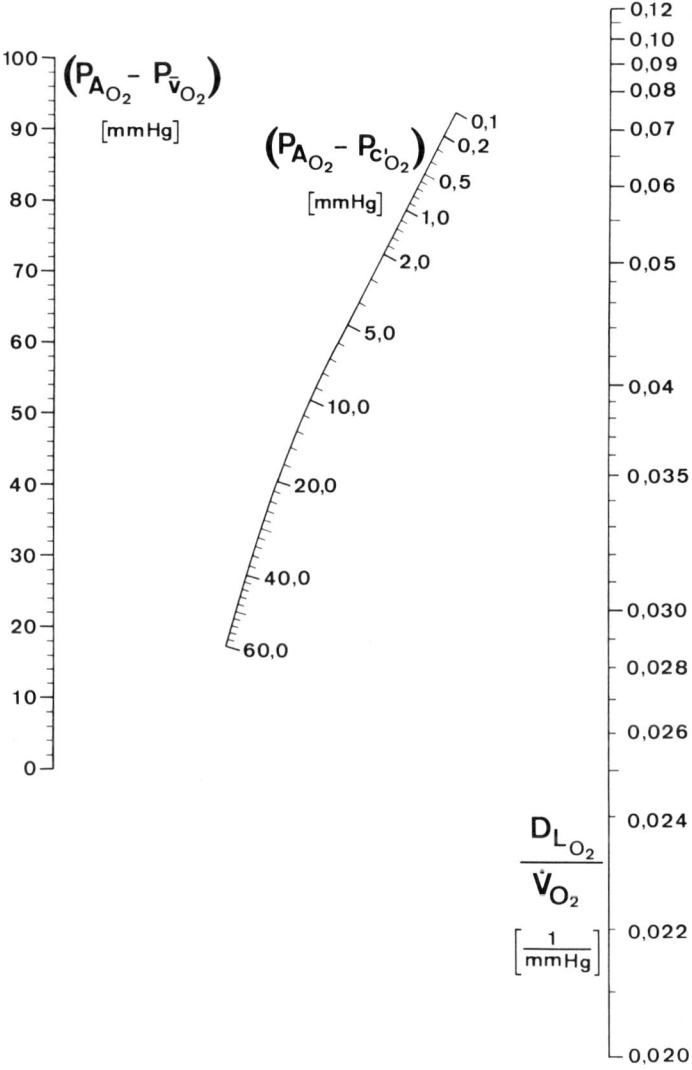

Literatur

Bohr, C.: Über die spezifische Tätigkeit der Lungen bei der respiratorischen Gasaufnahme. Scand. Arch. Physiol. **22**, 221 (1909).

Frech, W.-E., Schultehinrichs, D., Vogel, H. R., Thews, G.: Modelluntersuchungen zum Austausch der Atemgase. I. Die O_2-Aufnahmezeiten des Erythrocyten unter den Bedingungen des Lungenkapillarblutes. Pflügers Arch. **301**, 292 (1968).

Rahn, H., Fenn, O. W.: A graphical analysis of the respiratory gas exchange. Washington, D. C.: The American Physiological Society 1955.

Reindell, H., König, K., Roskamm, H.: Funktionsdiagnostik des gesunden und kranken Herzens. Stuttgart: Thieme 1967.

Schmidt, W., Schnabel, K. H.: Methodische Verbesserungen des Verfahrens zur Verteilungsanalyse von Ventilation, Perfusion und O_2-Diffusionskapazität der Lunge. Respiration **27**, 15 (1970).

Thews, G.: Ein Nomogramm zur einfachen Bestimmung des O_2-Diffusionsfaktors (O_2-Diffusionskapazität) der Lunge. Pflügers Arch. **268**, 281 (1959).

— Die Sauerstoffdiffusion in den Lungenkapillaren. Bad Oeynhausener Gespr. IV. Berlin-Göttingen-Heidelberg: Springer 1961.

— Die theoretischen Grundlagen der Sauerstoffaufnahme in der Lunge. Ergebn. Physiol. **53**, 41 (1963).

— Der respiratorische Gaswechsel und seine Teilfunktion. In: Chronische Bronchitis. Stuttgart-New York: Schattauer 1968.

— Schmidt, W., Schnabel, K. H.: Analysis of distribution inhomogeneities of ventilation, perfusion, and O_2-diffusing capacity in the human lung. Respiration (im Druck).

— Vogel, H. R.: Die Verteilungsanalyse von Ventilation, Perfusion und O_2-Diffusionskapazität in der Lunge durch Konzentrationswechsel dreier Inspispirationsgase. I. Theorie. Pflügers Arch. **303**, 195 (1968).

Vogel, H. R.: A nomogram for O_2 and CO_2 partial pressures in lung capillaries in relation to $\dot{V}_A/\dot{Q}$ and $D_{L_{O_2}}/\dot{Q}$. Germ. med. Mth. **12**, 335 (1967).

— Thews, G.: Die Verteilungsanalyse von Ventilation, Perfusion und O_2-Diffusionskapazität in der Lunge durch Konzentrationswechsel dreier Inspirationsgase. II. Durchführung des Verfahrens. Pflügers Arch. **303**, 206 (1968).

V. Atemgas-pH-Nomogramme für das maternale und fetale Blut zum Zeitpunkt der Geburt

G. Thews und H. R. Vogel

Atemgastransport und Säure-Basen-Status im mütterlichen und fetalen Blut weisen unter der Geburt so viele Besonderheiten auf, daß es gerechtfertigt erscheint, die Verhältnisse in besonderen Nomogrammen darzustellen. Sie können die Grundlage für die Beurteilung des Gasaustausches in der Placenta und der fetalen Versorgungsbedingungen bilden.

Der O_2-Transport im mütterlichen und fetalen Blut wird einerseits vom jeweils vorliegenden Hämoglobingehalt und andererseits vom speziellen Verlauf der O_2-Bindungskurve bestimmt. Diese transportbestimmenden Größen wurden im Blut von insgesamt 41 Frauen und Feten am Ende normaler und komplikationsloser Schwangerschaften ermittelt (VOGEL, FISCHER u. THEWS, 1965). Die Aufnahme der O_2-Bindungskurven erfolgte nach dem photometrischen Verfahren von NIESEL u. THEWS (1961). Die Messungen wurden jeweils bei verschiedenen CO_2-Drucken durchgeführt, so daß nach einer Umrechnung die pH-Abhängigkeit des Bindungskurvenverlaufes, der sog. Bohr-Effekt, festgelegt werden konnte. Die Scharen der auf diese Weise ermittelten pH-abhängigen O_2-Bindungskurven für das maternale und fetale Blut sind in den Darstellungen Nr. 36 und Nr. 37 wiedergegeben.

Der Säure-Basen-Status des Blutes ist einerseits durch den jeweiligen Basenüberschuß bzw. Standardbicarbonat-Wert und zum anderen durch die spezielle Abhängigkeit des pH-Wertes vom CO_2-Druck festgelegt. Diese Daten wurden in 54 Fällen simultan im mütterlichen und fetalen Blut am Ende komplikationsloser Schwangerschaften bestimmt (FISCHER, VOGEL u. THEWS, 1965). Die Analyse erfolgte nach dem Astrup-Verfahren, die Darstellung im P_{CO_2}-pH-Diagramm. Die zunächst berechnete Abhängigkeit der P_{CO_2}-pH-Geraden von der O_2-Sättigung des Blutes wurde später auf Grund der Ergebnisse von v. MENGDEN, SCHULTEHINRICHS u. THEWS (1969) korrigiert. Die Scharen der O_2-sättigungsabhängigen P_{CO_2}-pH-Geraden sind für das maternale und fetale Blut in den Darstellungen Nr. 38 und Nr. 39 wiedergegeben. Die O_2-Bindungskurven in Nr. 36 und Nr. 37 sind mit den CO_2-Äquilibrierungskurven in Nr. 38 und Nr. 39 über die O_2-Sättigung und den pH-Wert gekoppelt. Diese Kopplung ist Ausdruck der wechselseitigen Beeinflussung von O_2- und CO_2-Transportfunktion des Blutes. Sie gestattet es, alle relevanten Funktionsgrößen in einem gemeinsamen

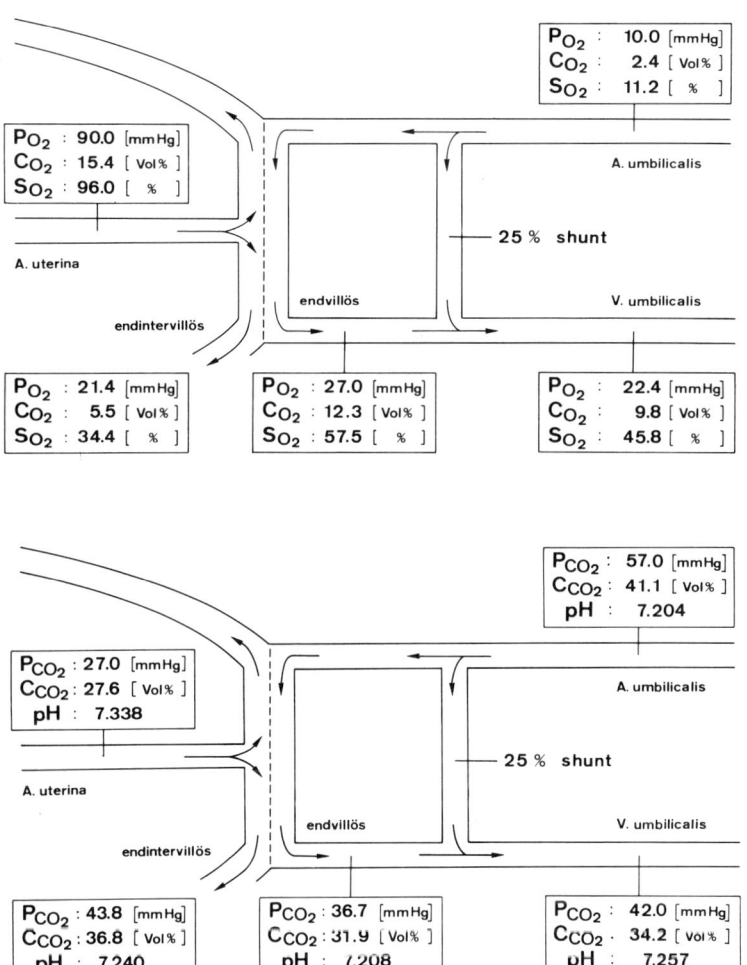

Mittelwerte für den O_2-Druck, den O_2-Gehalt und die O_2-Sättigung (oben) sowie für den CO_2-Druck, den CO_2-Gehalt und den pH-Wert (unten) im maternalen und fetalen Blut zum Zeitpunkt der Geburt. Die Werte der *A. uterina* sowie der *A.* und *V. umbilicalis* wurden direkt gemessen, die Werte für das fetale endvillöse und das maternale endintervillöse Blut sind unter der Annahme eines 25%igen Kurzschlußblutanteils berechnet

Kurvennetz darzustellen. Unter Berücksichtigung der Mittelwerte für die Hämoglobinkonzentrationen im mütterlichen und fetalen Blut zum Zeitpunkt der Geburt (12 g-% und 16 g-%) lassen sich hier noch die O_2-Gehalte einführen. Ebenso gelingt es, die CO_2-Gehalte in das Kurvennetz aufzunehmen. Aus den so entstandenen Cartesianischen Nomogrammen Nr. 40 und Nr. 41 sind die beiden Leiternomogramme Nr. 42 und Nr. 43 konstruiert, die die wechselseitigen Abhängigkeiten von CO_2-Druck, CO_2-Gehalt, pH-Wert, O_2-Druck, O_2-Gehalt und O_2-Sättigung für das mütterliche und fetale Blut wiedergeben (Thews, Vogel u. Fischer, 1965; vgl. auch Fischer, Thews u. Vogel, 1966).

Um die Bedingungen für den Gasaustausch in der menschlichen Placenta beurteilen zu können, ist die Kenntnis 1. der O_2- und CO_2-Transporteigenschaften des mütterlichen und fetalen Blutes und 2. der aktuellen Blutgaswerte am Anfang und Ende der placentaren Strombahnen erforderlich. Die Abbildung gibt die Mittelwerte aus insgesamt 91 Untersuchungen zum Zeitpunkt der Geburt wieder. Die Werte in der *A.* und *V. umbilicalis* sowie im arteriellen Blut der Mutter wurden direkt gemessen, die endvillösen und endintervillösen Werte unter Berücksichtigung eines fetalen Kurzschlußblutanteils von 25% berechnet. Diese Daten und die als wahrscheinlich anzunehmende Modellvorstellung eines multivillösen Strombahnsystems in der menschlichen Placenta ermöglichen eine Analyse des placentaren Gasaustausches (Thews, Fischer u. Vogel, 1965). Dabei ist von folgenden Grundannahmen auszugehen:

1. Der fetale Blutstrom $\dot{Q}_F$ verteilt sich auf eine große Zahl parallel geschalteter Capillaren und wird nach dem Gasaustausch wieder vereinigt, wobei ein Ausgleich der verschiedenen endvillös eingestellten Atemgasdrucke erfolgt.

2. Der maternale Blutstrom $\dot{Q}_M$ wird durch den schmalen intervillösen Spaltraum geleitet, tritt hier mit dem fetalen Blut mehrerer villöser Capillaren nacheinander in Diffusionskontakt und verläßt das System mit den am Ende der Kontaktzeit erreichten Atemgasdrucken.

3. Der CO_2-Austausch führt infolge der hohen Geschwindigkeit der CO_2-Diffusion in jedem villös-intervillösen Teilgebiet zu einem vollständigen CO_2-Druckausgleich zwischen maternalem und fetalem Blut. Die O_2-Austauschrate wird durch die placentare O_2-Diffusionskapazität (O_2-Gesamtleitfähigkeit) D_P bestimmt.

Unter diesen Voraussetzungen hängen die im fetalen endcapillären Mischblut eingestellten O_2- und CO_2-Drucke ($P_{F\bar{c}'_{O_2}}$ und $P_{F\bar{c}'_{CO_2}}$) von zwei austauschbestimmenden Parametern ab, dem Verhältnis der mütterlichen zur fetalen Durchblutung $\dot{Q}_M/\dot{Q}_F$ und dem Verhältnis der O_2-Diffusionskapazität zur fetalen Durchblutung $D_P/\dot{Q}_F$. Diese

Abhängigkeit ist im Leiternomogramm Nr. 44 dargestellt (vgl. THEWS, VOGEL u. FISCHER, 1969). Dem Nomogramm ist beispielsweise zu entnehmen, daß nach den in der Abbildung angegebenen Drucken $P_{F\bar{c}O_2} = 27$ mmHg und $P_{F\bar{c}'CO_2} = 36{,}7$ mmHg zum Zeitpunkt der Geburt $\dot{Q}_M/\dot{Q}_F = 1$ und $D_P/\dot{Q}_F = 8 \cdot 10^{-3}$ [1/mmHg] sein dürften. Mütterliche und fetale Placentadurchblutung sind danach etwa gleichgroß, vorausgesetzt, daß Verteilungsungleichmäßigkeiten vernachlässigt werden dürfen. Aus $D_P/\dot{Q}_F$ folgt unter derselben Annahme der Wert für die mittlere O_2-Druckdifferenz zwischen intervillösem und villösem Blut zu $\overline{\Delta P} = 12$ mmHg. Fast die gleiche mittlere O_2-Druckdifferenz findet man unter den ganz andersartigen Austauschbedingungen der menschlichen Lunge.

Nr. 36
O_2-Bindungskurven in Abhängigkeit vom pH-Wert für das maternale Blut

Zweck und Anwendungsmöglichkeiten

Es sind die pH-abhängigen O_2-Bindungskurven des mütterlichen Blutes am Ende der Schwangerschaft für 37° C in der üblichen Weise dargestellt (Ordinate: O_2-Sättigung S_{O_2} [%], Abszisse: O_2-Druck P_{O_2} [mmHg]). Die Kurven können zur Beurteilung des Gasaustausches in der Lunge der Mutter und in der Placenta dienen.

Aufnahmebedingungen und Grenzen der Anwendung

Der dargestellten O_2-Bindungskurvenschar liegen 41 Messungen an Schwangerenblut unter standardisierten Bedingungen (CO_2-Druck = 40 mmHg, Temperatur = 37° C) zugrunde (Vogel, Fischer u. Thews, 1965). Die Aufnahme erfolgte nach dem Verfahren von Niesel u. Thews (1961). Unter Berücksichtigung der gleichfalls ermittelten P_{CO_2}-pH-Abhängigkeit erfolgte die Umrechnung auf Bindungskurven für verschiedene pH-Werte nach Dill et al. (1940). Die so bestimmten Kurven gelten für den Zeitpunkt der Geburt, allenfalls für die letzte Phase der Schwangerschaft. Ferner ist zu berücksichtigen, daß der Mittelwert der Hb-Konzentration bei den untersuchten Blutproben 12 [g-%] betrug, so daß bei Abweichungen von diesem Wert geringfügige Bindungskurvenverlagerungen möglich sind.

Genauigkeit

Die Standardabweichung der bei P_{CO_2} = 40 mmHg aufgenommenen O_2-Bindungskurven betrug im Halbsättigungsbereich ± 1,5 mmHg. Aus methodischen Gründen konnte der Kurvenverlauf im Bereich über 90% O_2-Sättigung weit weniger zuverlässig ermittelt werden.

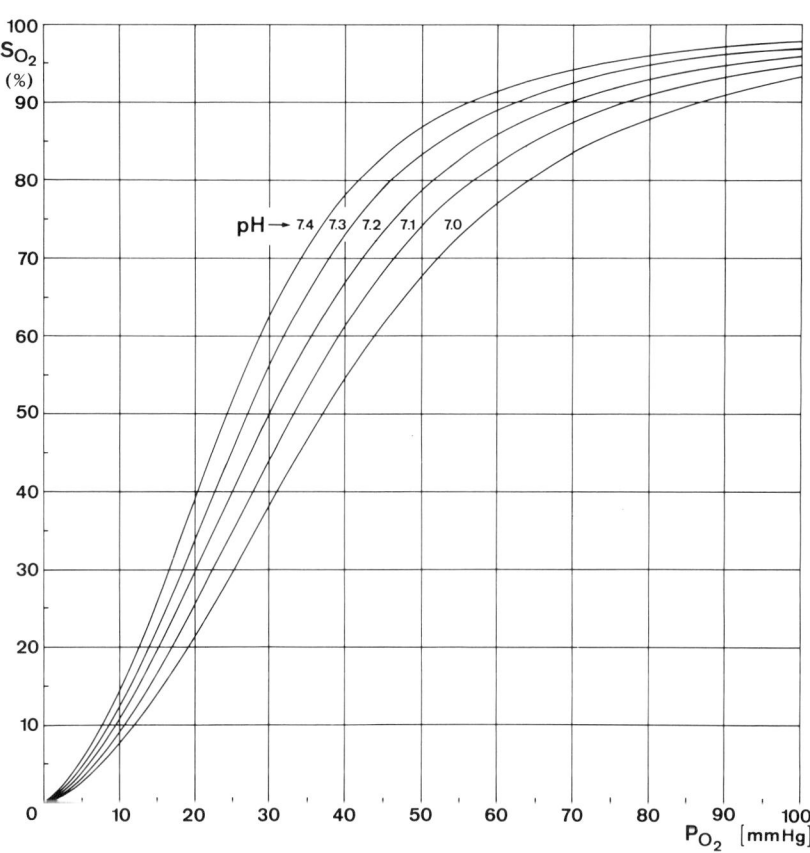

Nr. 37

O$_2$-Bindungskurven in Abhängigkeit vom pH-Wert für das fetale Blut

Zweck und Anwendungsmöglichkeiten

Es ist die Schar der pH-abhängigen O$_2$-Bindungskurven des fetalen Blutes am Ende der Schwangerschaft für 37° C dargestellt (Ordinate: O$_2$-Sättigung [%], Abszisse: O$_2$-Druck P_{O_2} [mmHg]). Die Kurven können zur Beurteilung der O$_2$-Aufnahme in der Placenta und der O$_2$-Abgabe in den Organen des Feten dienen.

Aufnahmebedingungen und Grenzen der Anwendung

Der dargestellten O$_2$-Bindungskurvenschar liegen 41 Messungen an fetalem Blut unter standardisierten Bedingungen (CO$_2$-Druck = 40 mmHg, Temperatur = 37° C) zugrunde (VOGEL, FISCHER u. THEWS, 1965). Die Aufnahme erfolgte nach dem Verfahren von NIESEL u. THEWS (1961). Unter Berücksichtigung der gleichfalls ermittelten P_{CO_2}-pH-Abhängigkeit erfolgte die Umrechnung auf Bindungskurven für verschiedene pH-Werte nach DILL et al. (1940). Die so bestimmten Kurven gelten für den Zeitpunkt der Geburt, allenfalls für die letzte Phase der Schwangerschaft. Ferner ist zu berücksichtigen, daß der Mittelwert der Hb-Konzentration bei den untersuchten Blutproben 16 [g-%] betrug, so daß bei Abweichungen von diesem Wert geringfügige Bindungskurvenverlagerungen möglich sind.

Genauigkeit

Die O$_2$-Bindungskurven des fetalen Blutes weisen im Halbsättigungsbereich eine Standardabweichung von ±1 mmHg auf und sind in ihrem oberen Kurvenverlauf (über 90% Sättigung) aus methodischen Gründen nicht mehr als zuverlässig anzusehen.

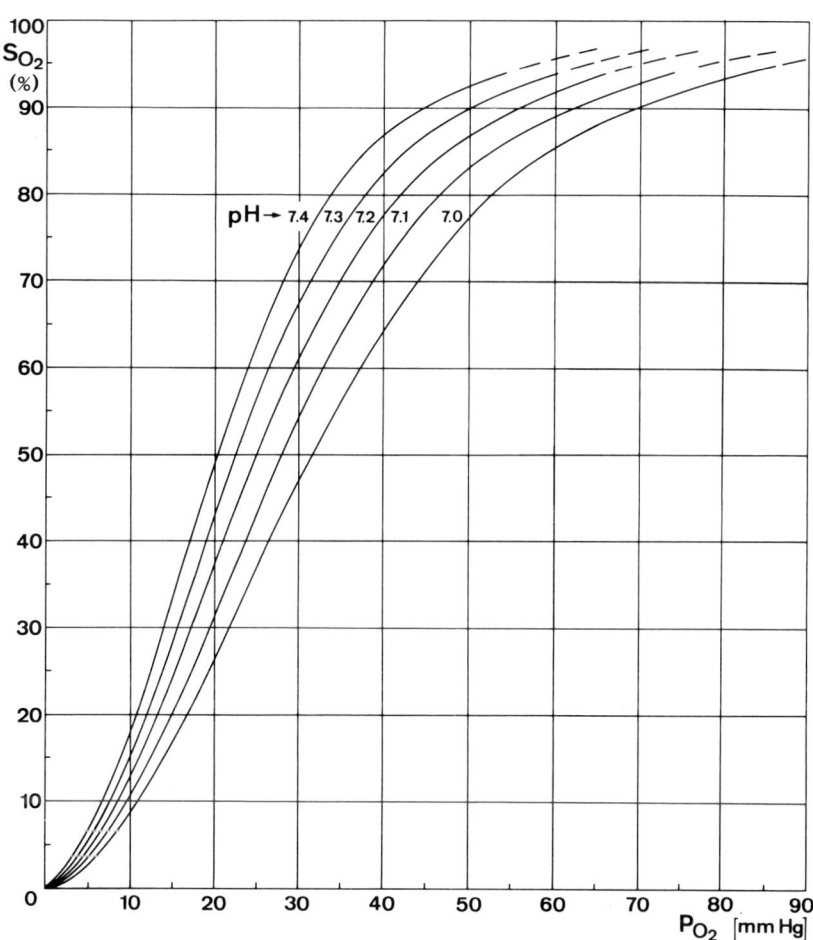

Nr. 38

P_{CO_2}-pH-Beziehungen in Abhängigkeit von der O_2-Sättigung für das maternale Blut

Zweck und Anwendungsmöglichkeiten

Das Diagramm stellt die P_{CO_2}-pH-Beziehungen für verschiedene O_2-Sättigungen im maternalen Blut zum Zeitpunkt der Geburt dar (Ordinate: CO_2-Druck [mmHg], Abszisse: pH-Wert). Standard-[HCO_3^-] beträgt in diesem Fall 16,3 [mÄq/l] entsprechend einem Basendefizit von 10 [mÄq/l] (BE $= -10$ mÄq/l). Die Kurvenschar dient zur Beurteilung des mütterlichen Säure-Basen-Status und des Gasaustausches in der Placenta.

Aufnahmebedingungen und Grenzen der Anwendung

Die Aufstellung der P_{CO_2}-pH-Geraden erfolgte nach dem Mikro-Astrup-Verfahren durch Äquilibrierung von 54 Blutproben mit jeweils drei Gasgemischen ($P_{CO_2} = 30$, 50 und 70 mmHg). Die O_2-Sättigungsabhängigkeit wurde in der Erstveröffentlichung nach den Angaben von Siggaard-Andersen u. Engel (1960) konstruiert. Da sich diese in der Zwischenzeit als korrekturbedürftig erwiesen haben, ist die O_2-Sättigungsabhängigkeit des pH-Wertes nach den Ergebnissen von v. Mengden, Schultehinrichs u. Thews (1969) in neuer Form in das Diagramm aufgenommen worden. Die P_{CO_2}-pH-Beziehungen gelten nur für das mütterliche Blut am Ende einer normalen Spontangeburt bei BE $= -10$ [mÄq/l], Hb $= 12$ [g-%] und T $= 37°$ C. Während die Hb-Konzentration und die Temperatur die Kurvenverläufe nur wenig beeinflussen, wirken sich Abweichungen vom Mittelwert des Basendefizits voll im Sinne einer Parallelverlagerung der Kurvenschar aus.

Genauigkeit

Der Fehler, der bei der Einzelmessung etwa pH $= \pm 0,006$ bzw. $P_{CO_2} = \pm 3,5\%$ des Meßwertes beträgt, wird für die Mittelwertskurve so klein, daß Abweichungen hiervon vorrangig auf individuelle Schwankungen im Säure-Basen-Status des Blutes zurückzuführen sind.

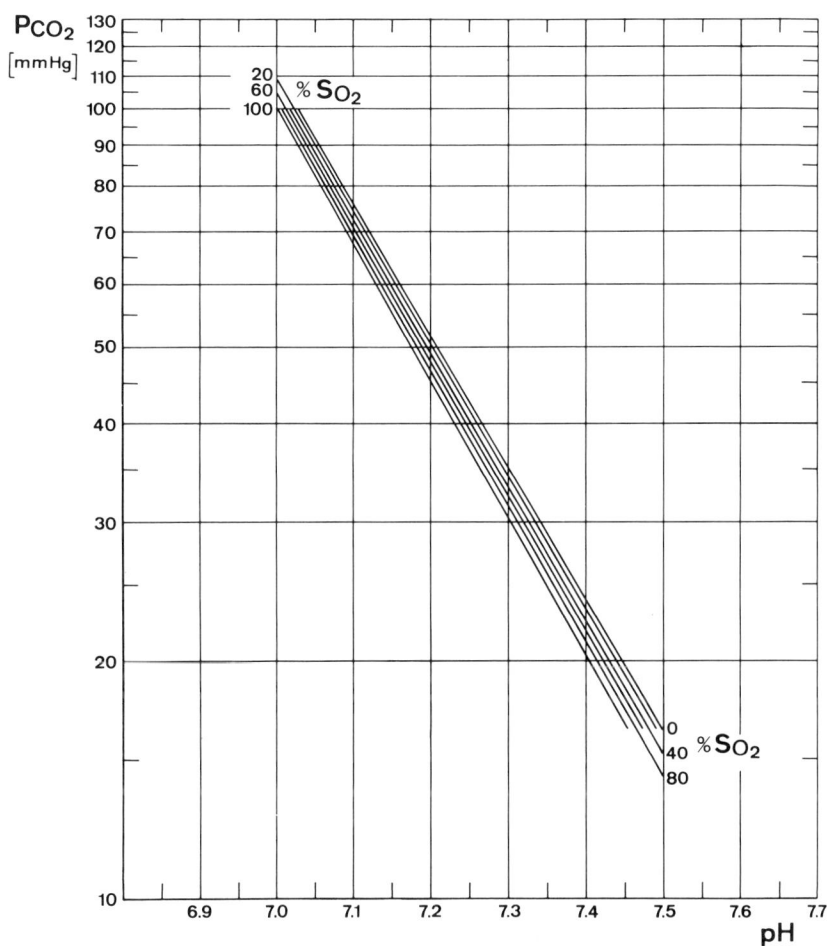

Nr. 39

P_{CO_2}-pH-Beziehungen in Abhängigkeit von der O_2-Sättigung für das fetale Blut

Zweck und Anwendungsmöglichkeiten

Das Diagramm stellt die P_{CO_2}-pH-Beziehungen für verschiedene O_2-Sättigungen im fetalen Blut zum Zeitpunkt der Geburt dar (Ordinate: CO_2-Druck [mmHg], Abszisse: pH-Wert). Standard-[HCO_3^-] beträgt in diesem Fall 16,0 [mÄq/l]. Die Kurvenschar dient zur Beurteilung des fetalen Säure-Basen-Status und des Gasaustausches in der Placenta.

Aufnahmebedingungen und Grenzen der Anwendung

Die Aufstellung der P_{CO_2}-pH-Geraden erfolgte nach dem Mikro-Astrup-Verfahren durch Äquilibrierung von 54 Blutproben mit jeweils drei Gasgemischen ($P_{CO_2} = 30$, 50 und 70 mmHg). Die O_2-Sättigungsabhängigkeit wurde in der Erstveröffentlichung nach den Angaben von Siggaard-Andersen u. Engel (1960) konstruiert. Da sich diese in der Zwischenzeit als korrekturbedürftig erwiesen haben, ist die O_2-Sättigungsabhängigkeit des pH-Wertes nach den Ergebnissen von v. Mengden, Schultehinrichs u. Thews (1969) in neuer Form in das Diagramm aufgenommen worden. Die P_{CO_2}-pH-Beziehungen gelten nur für das fetale Blut am Ende einer normalen Spontangeburt bei BE $= -10,5$ [mÄq/l], Hb $= 12$ [g-%] und T $= 37°$ C. Während die Hb-Konzentration und die Temperatur die Kurvenverläufe nur wenig beeinflussen, wirken sich Abweichungen vom Mittelwert des Basendefizits voll im Sinne einer Parallelverlagerung der Kurvenschar aus.

Genauigkeit

Der Fehler, der bei der Einzelmessung etwa pH $= \pm 0,006$ bzw. $P_{CO_2} = \pm 3,5\%$ des Meßwertes beträgt, wird für die Mittelwertkurve so klein, daß Abweichungen hiervon vorrangig auf individuelle Schwankungen im Säure-Basen-Status des Blutes zurückzuführen sind.

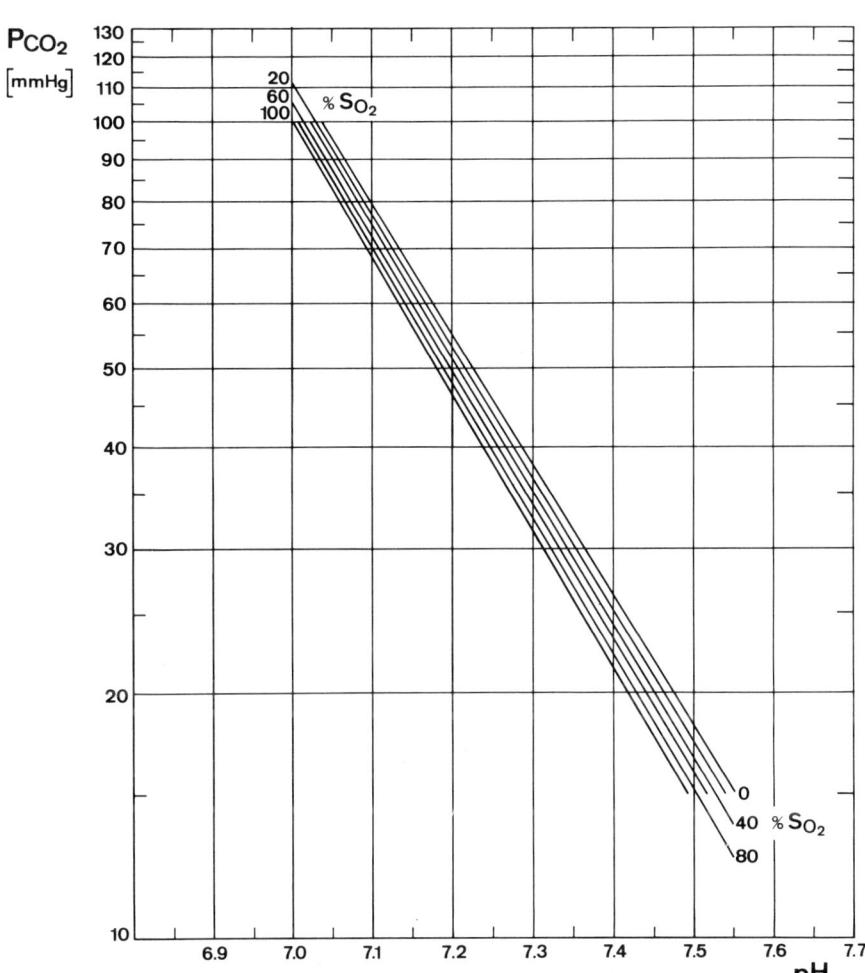

Nr. 40

Cartesianisches Nomogramm für die wechselseitige Abhängigkeit von O_2-Druck, CO_2-Druck, O_2-Gehalt und CO_2-Gehalt im maternalen Blut

Zweck und Anwendungsmöglichkeiten

Die vorliegende Darstellung eignet sich in besonderem Maße zur Ermittlung der Atemgaskonzentrationen im mütterlichen Blut bei bekannten O_2- und CO_2- Drucken (Ordinate: CO_2-Druck P_{CO_2} [mmHg], Abszisse: O_2-Druck P_{O_2} [mmHg], Parameter im Kurvennetz: O_2-Konzentration C_{O_2} [Vol.-%] und CO_2-Konzentration C_{CO_2} [Vol.-%]).

Aufnahmebedingungen und Grenzen der Anwendung

Dem Cartesianischen Nomogramm liegen die O_2-Bindungskuven in Nr. 36 und die CO_2-Äquilibrierungskurven nach FISCHER, VOGEL u. THEWS (1965) zugrunde. Beide Kurvenscharen sind über die O_2-Sättigung und den pH-Wert gekoppelt. Unter Berücksichtigung des Mittelwertes für die Hämoglobinkonzentrationen im mütterlichen Blut zum Zeitpunkt der Geburt (12 g-%) lassen sich die O_2- und CO_2-Gehalte als Parameter einführen. Die Kurven gelten wieder für den Zeitpunkt der Geburt, auch die Abhängigkeit vom Mittelwert der Hb-Konzentration ist zu beachten.

Genauigkeit

Hier gelten die Angaben in Nr. 36 und Nr. 38 entsprechend (s. auch FISCHER, THEWS u. VOGEL, 1966).

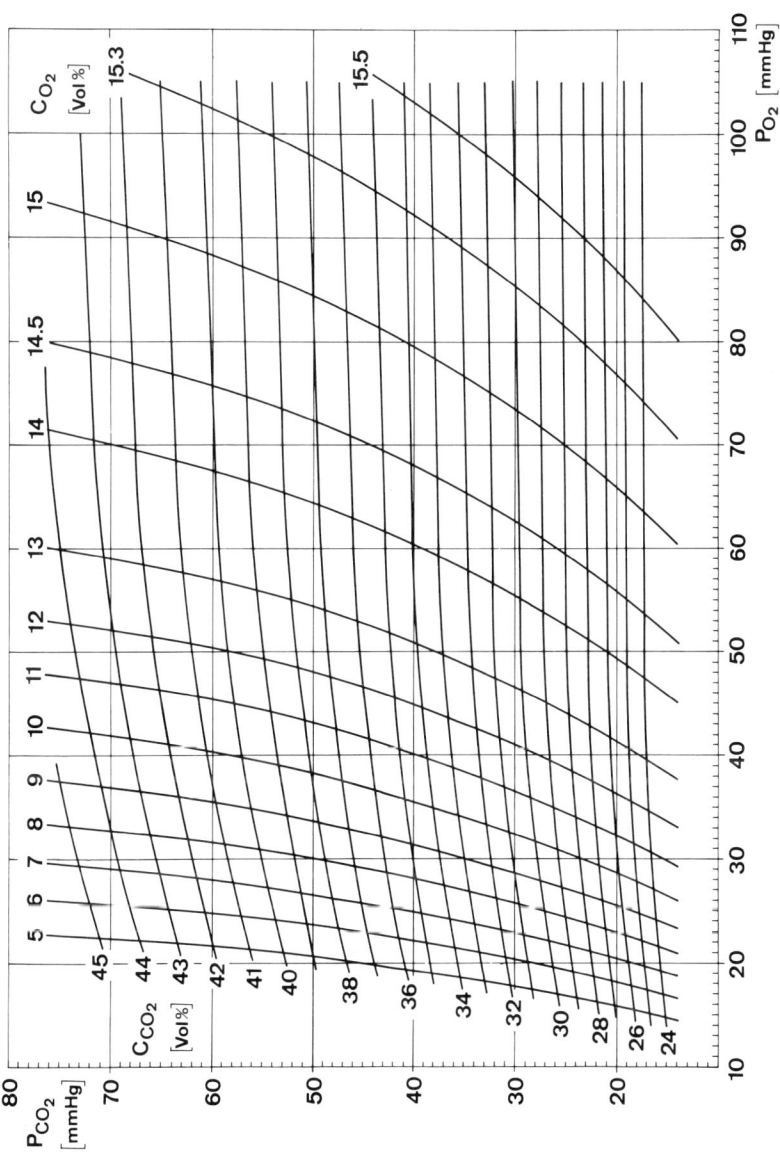

Nr. 41

Cartesianisches Nomogramm für die wechselseitige Abhängigkeit von O_2-Druck, CO_2-Druck, O_2-Gehalt und CO_2-Gehalt im fetalen Blut

Zweck und Anwendungsmöglichkeiten

Aus den O_2- und CO_2-Drucken im fetalen Blut lassen sich die zugehörigen Atemgaskonzentrationen auf einfache Weise ermitteln (Ordinate: CO_2-Druck P_{CO_2} [mmHg], Abszisse: O_2-Druck P_{O_2} [mmHg], Parameter im Kurvennetz: O_2-Konzentration C_{O_2} [Vol.-%] und CO_2-Konzentration C_{CO_2} [Vol.-%]).

Aufnahmebedingungen und Grenzen der Anwendung

Dem Nomogramm liegen die O_2-Bindungskurven in Nr. 37 und die CO_2-Äquilibrierungskurven nach Fischer, Vogel u. Thews (1965) zugrunde. Unter Berücksichtigung des Mittelwertes für die Hämoglobinkonzentration im fetalen Blut zum Zeitpunkt der Geburt konnten die O_2- und CO_2-Gehalte als Parameter ermittelt werden. Die Kurven haben Gültigkeit für den Zeitpunkt der Geburt und für eine mittlere Hb-Konzentration von 16 [g-%].

Genauigkeit

Es gelten die Angaben in Nr. 37 und Nr. 39 entsprechend (s. auch Fischer, Thews u. Vogel, 1966).

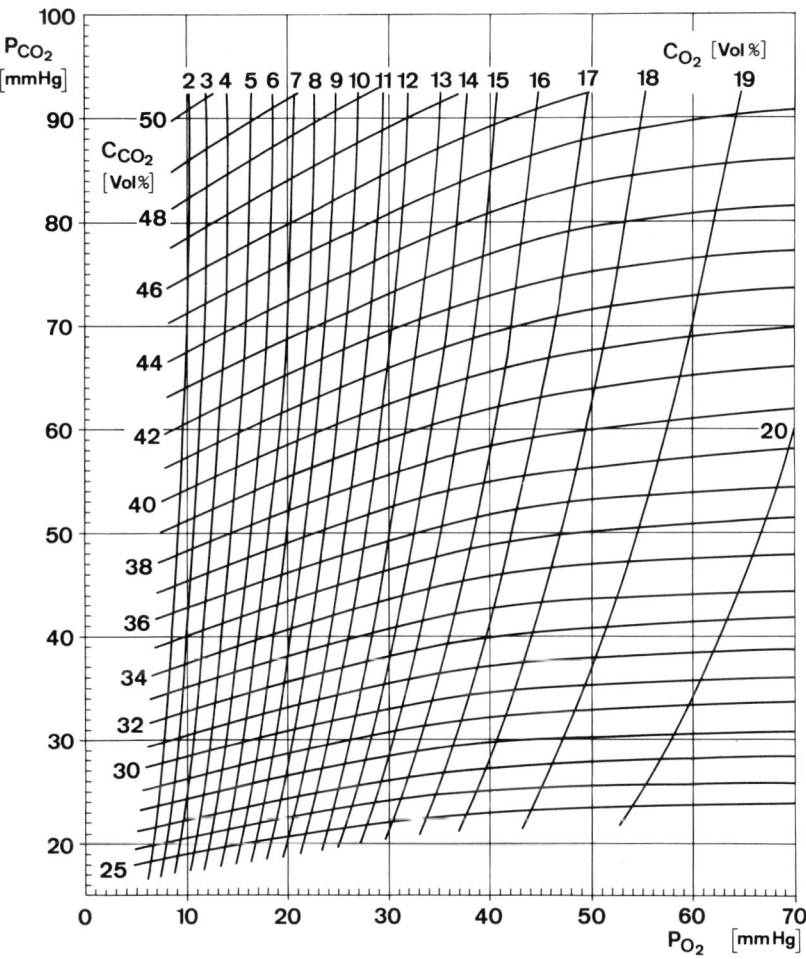

Nr. 42

Leiternomogramm für die Atemgasgrößen und den pH-Wert im maternalen Blut

Zweck und Anwendungsmöglichkeiten

Das Nomogramm stellt die wechselseitige Abhängigkeit von O_2-Druck P_{O_2} [mmHg], O_2-Sättigung S_{O_2} [%], O_2-Gehalt C_{O_2} [Vol.-%], CO_2-Druck P_{CO_2} [mmHg], CO_2-Gehalt C_{CO_2} [Vol.-%] bzw. [mÄq/l] und pH-Wert dar. Die Kopplung ergibt sich aus den O_2- und CO_2-Bindungskurven sowie aus dem Bohr- und Haldane-Effekt. Sind zwei der genannten Größen bekannt, dann lassen sich die restlichen Werte ohne besondere Rechnung aus dem Nomogramm entnehmen.

Wurde zum Zeitpunkt der Geburt in der *A. uterina* z. B. ein O_2-Druck von 90 [mmHg] und ein CO_2-Druck von 30 [mmHg] gemessen, dann ergibt sich für die weiteren Werte aus dem Nomogramm: pH-Wert = 7,305, CO_2-Gehalt = 28,8 [Vol.-%] bzw. 12,9 [mÄq/l], O_2-Gehalt = 15,4 [Vol.-%] und O_2-Sättigung = 96,3 [%].

Aufnahmebedingungen und Grenzen der Anwendung

Dem Leiternomogramm liegen die pH-abhängige O_2-Bindungs-kurvenschar des mütterlichen Blutes (Vogel, Fischer u. Thews, 1965), die mit der O_2-Sättigung variierende CO_2-Bindungskurvenschar (Fischer, Vogel u. Thews, 1965) sowie die Kurvenschar im P_{CO_2}-pH-Diagramm (Fischer, Vogel u. Thews, 1965) zugrunde. Die Kurven gelten für den Zeitpunkt der Geburt und für eine mittlere Hb-Konzentration von 12 [g-%].

Genauigkeit

Die Genauigkeit der Darstellung ist besser als die kleinste auf der jeweiligen Leiter eingezeichnete Unterteilung. Zweckmäßigerweise sollte eine der beiden Ausgangsgrößen ein O_2-Wert, die andere ein CO_2- bzw. pH-Wert sein (vgl. Thews, Vogel u. Fischer, 1965).

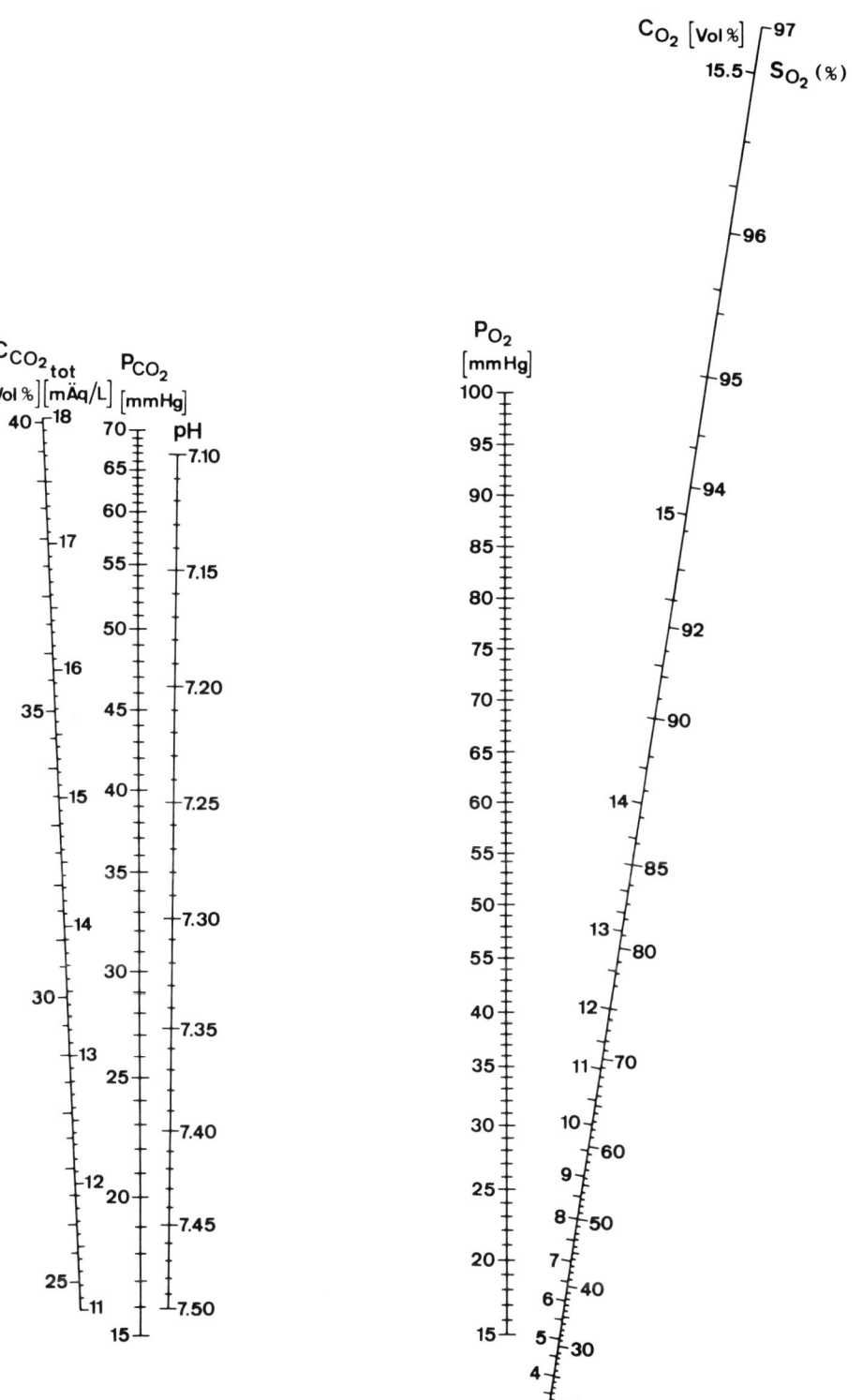

Nr. 43
Leiternomogramm für die Atemgasgrößen und den pH-Wert im fetalen Blut

Zweck und Anwendungsmöglichkeiten

Das Nomogramm kennzeichnet die wechselseitige Abhängigkeit von Atemgasgrößen und Säure-Basen-Status des fetalen Blutes zum Zeitpunkt der Geburt (O_2-Druck P_{O_2} [mmHg], O_2-Sättigung S_{O_2} [%], O_2-Gehalt C_{O_2} [Vol.-%], CO_2-Druck P_{CO_2} [mmHg], CO_2-Gehalt C_{CO_2} [Vol.-%] bzw. [mÄq/l] und pH-Wert). Zusammengehörende Werte liegen auf den Schnittpunkten einer die Leitern kreuzenden Geraden.

Liegt beispielsweise im fetalen Blut ein O_2-Druck von 30 [mmHg] und ein CO_2-Druck von 63 [mmHg] vor, dann ergibt sich der pH-Wert zu etwa 7,15, der CO_2-Gehalt zu 40,3 [Vol.-%] = 18,1 [mÄq/l], die O_2-Sättigung zu 56 [%] und der O_2-Gehalt zu 12 [Vol.-%].

Aufnahmebedingungen und Grenzen der Anwendung

Die Aufnahmebedingungen entsprechen den Angaben in Nr. 42. Bei der Anwendung ist wieder zu beachten, daß die Kurven ausschließlich für den Zeitpunkt der Geburt und für eine mittlere Hb-Konzentration von 16 [g-%] Gültigkeit haben.

Genauigkeit

Hinsichtlich der Genauigkeit gelten die Angaben in Nr. 42 entsprechend.

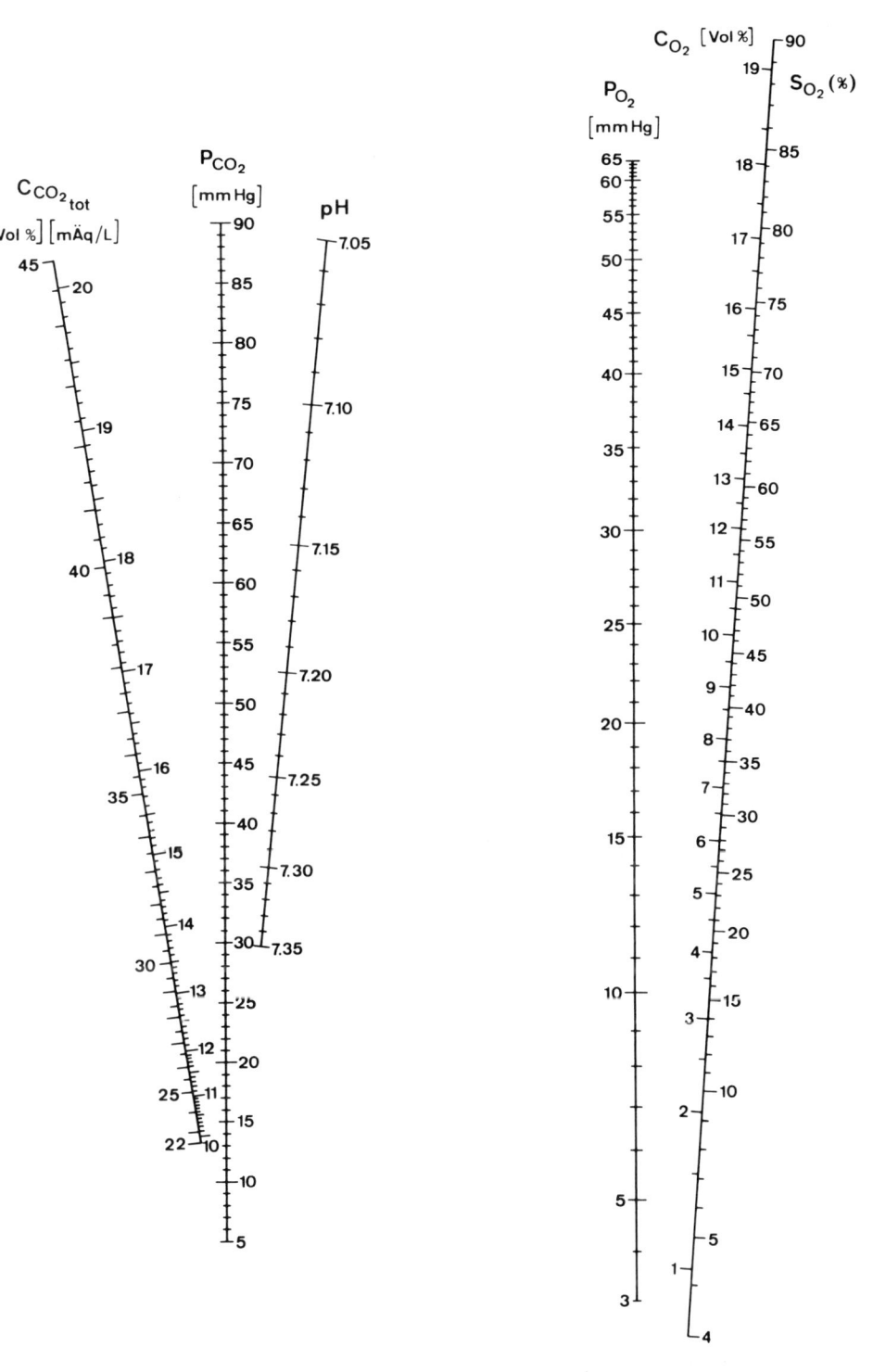

Nr. 44

Leiternomogramm für die Bestimmung des O_2-Druckes und des CO_2-Druckes im fetalen endvillösen Mischblut in Abhängigkeit von den placentaren Austauschparametern

Zweck und Anwendungsmöglichkeiten

Das Nomogramm dient zur Bestimmung des O_2-Druckes $P_{F\bar{c}'O_2}$ und des CO_2-Druckes $P_{F\bar{c}'CO_2}$ im endvillösen Mischblut des Feten in Abhängigkeit vom Verhältnis der mütterlichen zur fetalen Placentadurchblutung $\dot{Q}_M/\dot{Q}_F$ und vom Verhältnis der placentaren O_2-Diffusionskapazität zur mütterlichen Placentadurchblutung $D_P/\dot{Q}_F$. Da $\dot{Q}_M/\dot{Q}_F$ und $D_P/\dot{Q}_F$ nicht der direkten Messung zugänglich sind, ist eine Anwendung des Nomogramms nur im Zusammenhang mit theoretischen Fragestellungen möglich. Beispielsweise erlaubt es eine Abschätzung darüber, welchen Einfluß placentare Durchblutungsänderungen auf die fetalen Blutgaswerte ausüben. Umgekehrt können nach Messung der Werte in der *V. umbilicalis* und nach Annahme eines bestimmten Kurzschlußblutanteils die Werte für $\dot{Q}_M/\dot{Q}_F$ und $D_P/\dot{Q}_F$ abgeschätzt werden.

Voraussetzungen und Grenzen der Anwendung

Die im Nomogramm dargestellten Beziehungen gelten nur für das Placentamodell des multivillösen Strombahnsystems unter den Annahmen, die im einleitenden Text dargestellt sind. Ferner waren die Werte, die zum Zeitpunkt der Geburt im arteriellen Blut der Mutter und in der *A. umbilicalis* gewonnen wurden (s. Abbildung im Text) Grundlagen der Berechnungen. Schließlich sind Inhomogenitäten der placentaren Austauschparameter (vgl. Vogel, Thews u. Fischer, 1969) nicht berücksichtigt. Das Nomogramm wird auf Grund der mannigfachen Annahmen und Unsicherheiten lediglich zur *Abschätzung* der fetalen Versorgungsbedingungen dienen können.

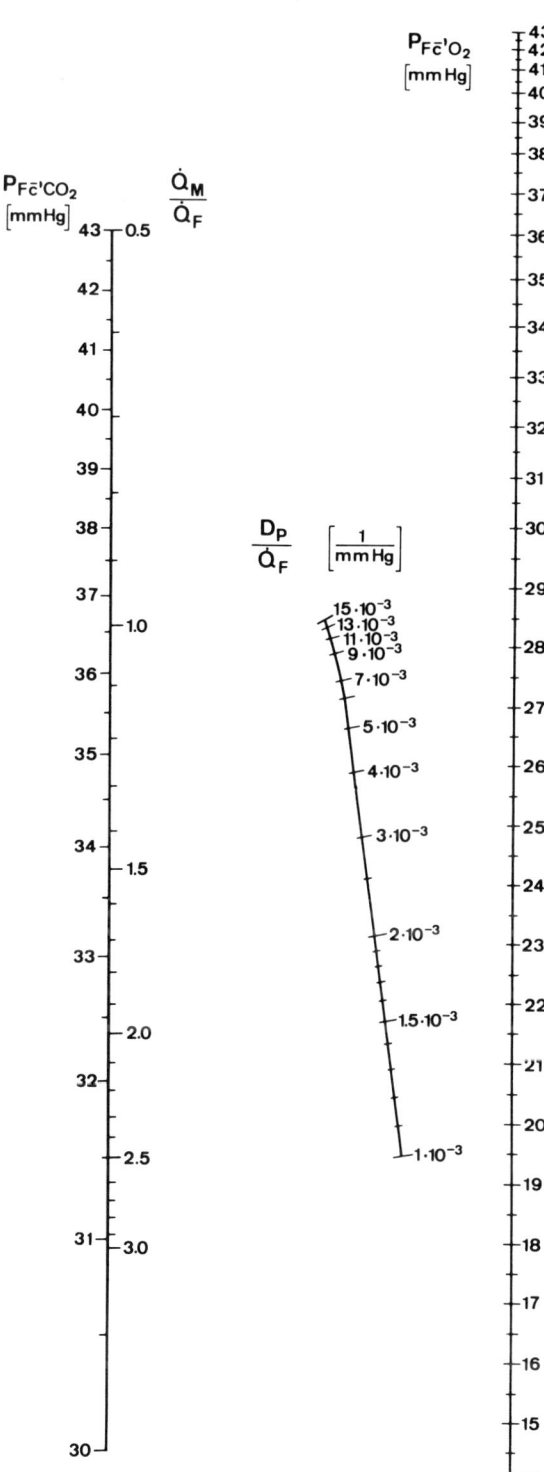

Literatur

Dill, D. B., Graybiel, A., Hurtado, A., Taquini, A. A.: Der Gasaustausch in den Lungen im Alter. Z. Alternsforsch. **2**, 20 (1940).

Fischer, W. M., Thews, G., Vogel, H. R.: The respiratory gas values of the fetal and maternal blood in Cartesian nomograms. Respir. Physiol. **1**, 366 (1966).

— Vogel, H. R., Thews, G.: Der Säure-Basenstatus und die CO_2-Transportfunktion des mütterlichen und fetalen Blutes zum Zeitpunkt der Geburt. Pflügers Arch. ges. Physiol. **286**, 220 (1965).

Mengden, H. J. v., Schultehinrichs, D., Thews, G.: Dependence of plasma pH on oxygen saturation. Respir. Physiol. **6**, 151 (1969).

Niesel, W., Thews, G.: Ein neues Verfahren zur schnellen und genauen Aufnahme der Sauerstoffbindungskurve des Blutes und konzentrierter Hämoproteidlösungen. Pflügers Arch. ges. Physiol. **273**, 380 (1961).

Siggaard-Andersen, O., Engel, K.: A new acid-base nomogram. An improved method for the calculation of the relevant blood acid-base data. Scand. J. clin. Lab. Invest. **12**, 177 (1960).

Thews, G., Fischer, W. M., Vogel, H. R.: Der Gasaustausch in der menschlichen Placenta unter Berücksichtigung der wechselseitigen Abhängigkeit von O_2- und CO_2-Transport. Pflügers Arch. ges. Physiol. **286**, 257 (1965).

— Vogel, H. R., Fischer, W. M.: Zwei Nomogramme für die Atemgasgrößen und den Säure-Basenstatus des fetalen und des mütterlichen Blutes. Pflügers Arch. ges. Physiol. **286**, 251 (1965).

— — — Nomograms for the gas exchange in the functionally homogeneous placenta. Math. Biosci. **4**, 427 (1969).

Vogel, H. R., Fischer, W. M., Thews, G.: Die O_2-Transportfunktion des mütterlichen und fetalen Blutes zum Zeitpunkt der Geburt. Pflügers Arch. ges. Physiol. **286**, 238 (1965).

— Thews, G., Fischer, W. M.: Theory of gas exchange in the functionally inhomogeneous human placenta. Math. Biocis. **4**, 439 (1969).

Zusammenfassung

Es wird eine Sammlung von 44 Nomogrammen vorgelegt, die von verschiedenen Arbeitsgruppen des Physiologischen Institutes der Universität Mainz in den letzten Jahren aufgestellt wurden. Die Nomogramme in Cartesianischer Form und in Leiterform geben die mannigfachen Beziehungen zwischen den verschiedenen Größen wieder, die den Säure-Basen-Status und den Atemgastransport des Blutes charakterisieren. Um die Benutzung der Nomogramme zu erleichtern, sind die notwendigen Erläuterungen knapp gehalten und einheitlich gestaltet.

1. Der erste Teil enthält Säure-Basen-Nomogramme für das menschliche Blut, die nach der Konzeption von THEWS die Beziehung zwischen den Säure-Basen-Parametern in Abhängigkeit von der O_2-Sättigung des Hämoglobins wiedergegeben. Mit Hilfe dieser Leiternomogramme lassen sich u. a. Pufferbasen, Basenüberschuß, Standard-Bicarbonat und CO_2-Gehalt des Plasmas ablesen, wenn die aktuellen Werte für pH, CO_2-Druck und O_2-Druck bekannt sind. Weitere Darstellungen dienen der Ermittlung der Therapiedosis bei einer Säure-Basen-Störung.

2. Im zweiten Teil sind Leiternomogramme für den Säure-Basen-Status im Erythrocyten wiedergegeben. Aus ihnen lassen sich die relevanten intraerythrocytären Säure-Basen-Parameter direkt aus aktuell gemessenen Werten ermitteln. Außerdem wird der Zusammenhang zwischen dem Säure-Basen-Status im Vollblut und im Erythrocyten dargestellt.

3. Der dritte Teil enthält verschiedene graphische Darstellungen für die Beziehungen, die zwischen den Atemgasgrößen im normalen menschlichen Blut bei den Temperaturen 28° C, 32° C, 37° C und 40° C bestehen. Grundlagen hierfür bilden neu ermittelte O_2-Bindungskurven in Abhängigkeit vom CO_2-Druck sowie die Beziehungen zwischen CO_2-Druck und pH in Abhängigkeit von der O_2-Sättigung des Blutes. Die Zusammenfassung dieser Ergebnisse liefert Cartesianische Nomogramme und Leiternomogramme für die wechselseitige Abhängigkeit von O_2-Druck, CO_2-Druck, O_2-Sättigung und pH im Blut bei den verschiedenen Temperaturen.

4. Weiterhin enthält die Sammlung Nomogramme für Funktionsgrößen des pulmonalen Gasaustausches. In Erweiterung der Konzeption von RAHN und FENN sind die O_2- und CO_2-Drucke berechnet, die sich in Abhängigkeit vom Ventilations-Perfusions-Verhältnis und vom O_2-Diffusionskapazitäts-Perfusions-Verhältnis am Ende der Lungencapillare einstellen. Die Ergebnisse werden in Cartesianischen Nomogrammen und in Leiternomogrammen wiedergegeben, die für Normoxieatmung, für inspiratorische Hypoxie (mit $P_{I_{O_2}} = 120$ mmHg bzw.

$P_{I_{O_2}} = 100$ mmHg) und für leichte körperliche Arbeit (25 Watt) gültig sind. Ein weiteres Nomogramm dient zur Bestimmung der O_2-Diffusionskapazität aus den bei Hypoxieatmung ermittelten Meßwerten.

5. Schließlich sind die speziellen Beziehungen zwischen den Atemgasparametern für das maternale und das fetale Blut zum Zeitpunkt der Geburt nomographisch dargestellt. Die Grundlage hierfür bilden die speziellen O_2-Bindungskurven in Abhängigkeit vom pH-Wert sowie die Beziehungen zwischen CO_2-Druck und pH in Abhängigkeit von der O_2-Sättigung des maternalen und fetalen Blutes. Die wechselseitige Abhängigkeit von O_2-Druck, CO_2-Druck, O_2-Gehalt, CO_2-Gehalt und pH wird wieder in Nomogrammform angegeben. Eine weitere Darstellung dient der Bestimmung des O_2-Druckes und des CO_2-Druckes im fetalen endvillösen Mischblut in Abhängigkeit von den placentaren Austauschparametern.

Summary

A collection of 44 nomograms is presented, which were set up by different study groups of the Physiological Institute of the University of Mainz in the last years. The nomograms in the Cartesian and in the alignment form, show the various relations between the different parameters, which characterize the acid-base status and the respiratory gas transport of the blood. In order to facilitate the use of the nomograms, the necessary explanations have been kept short and shaped uniformly.

1. The first part includes acid-base nomograms for the human blood, which, following the conception of THEWS, show the relation between the acid-base parameters, depending on the O_2 saturation of the hemoglobin. With the aid of these alignment nomograms the buffer bases, base excess, standard bicarbonate and CO_2 content of the plasma may be read off, when the actual values for pH, CO_2 pressure and O_2 pressure are known. Further graphs are for the determination of the therapeutic dose in an acid-base disturbance.

2. The second part shows alignment nomograms for the acid-base status inside the erythrocyte. From these, the relevant acid-base parameters inside the erythrocyte may be determined directly from actually measured values. Furthermore the connection between the acid-base status in the whole blood and in the erythrocyte is represented.

3. The third part includes different graphs for the relations which exist between respiratory gas parameters in the normal human blood at the temperature of 28° C, 32° C, 37° C and 40° C. The basis for this are new determined O_2 dissociation curves, depending on the CO_2 pressure, and the relations between CO_2 pressure and pH, depending on the O_2 saturation of the blood. The summary of these results provides Cartesian and alignment nomograms for the interdependence of O_2 pressure, CO_2 pressure, O_2 saturation and pH in the blood at different temperatures.

4. Furthermore the collection includes nomograms for functional parameters of the pulmonary gas exchange. In extensions of the conception of RAHN and FENN those O_2 and CO_2 pressures were calculated which adjust in the end of the lung capillary, depending on the ventilation-perfusion ratio and on the O_2 diffusing capacity-perfusion ratio. The results are given in Cartesian and alignment nomograms. They are valid for normoxic breathing, for inspiratory hypoxia ($P_{I_{O_2}} = 120$ mmHg and $P_{I_{O_2}} = 100$ mmHg), and for light physical work (25 watt). A further nomogram is for the determination of the O_2 diffusing capacity from measuring values gained during hypoxic breathing.

5. At least special relations between the respiratory gas parameters for the maternal and fetal blood at the moment of birth are presented nomographically. The basis for this are the special O_2 dissociation curves depending on the pH and the relations between CO_2 pressure and pH depending on the O_2 saturation for the maternal and fetal blood. The mutual dependence of O_2 pressure, CO_2 pressure, O_2 content, CO_2 content and pH is presented again in nomographic form. A further graph is given for the determination of the O_2 pressure and CO_2 pressure in the fetal mixed endvillous blood depending on the placental exchange parameters.